Cantor 型谱测度的
谱特征值及相关问题研究

付延松　著

U0291017

北京邮电大学出版社
www.buptpress.com

内 容 简 介

本书是关于分形谱测度理论研究的学术专著，主要关注一维 Cantor 型分形谱测度的谱特征值问题及其 mock 傅里叶级数的收敛性问题. 本书第 1 章为绪论；第 2~4 章研究了几类一维谱测度的谱特征值，具体研究对象包含伯努利卷积谱测度、连续型数字集生成的 Cantor 谱测度、三元素数字集生成的 Cantor 谱测度及由它们变形得到的广义 Cantor 型谱测度；第 5 章证明了一类广义伯努利卷积谱测度的 mock 傅里叶级数的收敛性. 本书可作为分形谱测度理论及相关研究领域人员的参考书籍.

图书在版编目(CIP) 数据

Cantor 型谱测度的谱特征值及相关问题研究 / 付延松著. -- 北京：北京邮电大学出版社，2025. -- ISBN 978-7-5635-7417-9

Ⅰ. O174.12

中国国家版本馆 CIP 数据核字第 2025BC2260 号

策划编辑：彭 楠　　**责任编辑**：彭 楠　蒋慧敏　　**责任校对**：张会良　　**封面设计**：七星博纳

出版发行：北京邮电大学出版社
社　　址：北京市海淀区西土城路 10 号
邮政编码：100876
发 行 部：电话：010-62282185　传真：010-62283578
E-mail：publish@bupt.edu.cn
经　　销：各地新华书店
印　　刷：保定市中画美凯印刷有限公司
开　　本：720 mm×1 000 mm　1/16
印　　张：9
字　　数：142 千字
版　　次：2025 年 2 月第 1 版
印　　次：2025 年 2 月第 1 次印刷

ISBN 978-7-5635-7417-9　　　　　　　　　　　　　　　　定价：60.00 元

前　言

分形测度的谱理论是分形分析的重要研究课题之一，也是分形几何与 Fourier 分析交叉研究领域的重要课题之一. 它的广泛研究可追溯到 1974 年数学家 Fuglede 提出的著名的谱集猜测, 陶哲轩、Iosevich、Łaba、汪扬等数学家都曾对该猜测做出过重要贡献. 自 1998 年 Jorgensen 和 Pedersen 发现第一类分形谱测度和分形非谱测度以来, 分形测度的谱理论研究获得了蓬勃的发展. 该理论研究目前可概括为三个方面的问题: 分形测度的谱和非谱问题、分形谱测度的谱结构刻画和谱特征值 (矩阵) 问题、傅里叶级数的敛散性问题. 作者近年来一直围绕上述问题开展研究工作, 本书将重点对作者和合作者在直线上分形谱测度的谱特征值问题以及 mock 傅里叶级数收敛问题上取得的一些成果进行整理.

本书的章节安排如下: 第 1 章介绍与分形几何和谱测度理论研究相关的背景和理论知识; 第 2 章确定伯努利卷积谱测度和一类广义伯努利卷积谱测度的所有谱特征值; 第 3 章确定连续型数字集生成的 Cantor 谱测度的所有谱特征值, 并给出其谱特征子空间的一个刻画; 第 4 章确定一类含三元素数字集生成的 Cantor 型测度的谱和非谱性质, 并确定其谱测度的所有谱特征值; 第 5 章研究一类广义伯努利卷积的 mock 傅里叶级数的收敛性.

在此感谢作者科研成长之路上的所有师长、同门、同行和合作者. 特别感谢为本书中科研成果做出贡献的合作者: 清华大学的文志英教授、华中科技大学的文志雄教授、华中师范大学的何兴纲教授和何柳博士, 以及湖南师范大学的唐敏卫副教授. 在本书写作过程中, 作者参考了大量相关文献, 从许多学者的科研成果和写作思路中深受启发, 在此向这些学者表示由衷的感谢! 最后, 感谢中央高校基本科研业务费 (项目编号: 2023ZKPYLX01) 和国家自然科学基金项目 (项目批准号: 12371090) 对本书出版的资助.

本书几经修改, 由于作者水平有限, 书中可能仍然会有疏漏和不妥之处, 恳请读者批评指正.

付延松

2024 年 9 月

目　　录

第 1 章　绪　　论

1.1　研　究　背　景

设 Ω 为 n 维欧氏空间 $\mathbb{R}^n$ 上的有界连通开区域, $\partial_1, \cdots, \partial_n$ 为无穷次连续可微函数空间 $C^\infty(\Omega)$ 上的偏微分算子. 数学家 Segal 于 1958 年提出如下问题.

Segal 问题: 能否将空间 $C^\infty(\Omega)$ 上的偏微分算子 $\partial_1, \cdots, \partial_n$ 延拓为 Hilbert 空间 $L^2(\Omega)$ 上的交换自伴算子?

数学家 Fuglede[1] 于 1974 年证得 Segal 问题成立, 当且仅当存在一个离散集合 $\Lambda \subseteq \mathbb{R}^n$, 使得函数族 $\{e^{2\pi i \langle \lambda, x \rangle} : \lambda \in \Lambda\}$ 构成 Hilbert 函数空间 $L^2(\Omega)$ 的一族规范正交基. 此时, 称集合 Ω 为谱集, Λ 为集合 Ω 的一个谱, (Ω, Λ) 为谱对. 因此, Segal 问题可被转化为如下议题: **什么样的集合 Ω 为谱集**? 更进一步, Fuglede[1] 提出如下著名猜测.

Fuglede 猜测: 假设 Ω 为 $\mathbb{R}^n$ 上的有限 Borel 可测集, 则集合 Ω 是谱集, 当且仅当 Ω 可以平移铺砌空间 $\mathbb{R}^n$, 即存在离散集合 $\Gamma \subseteq \mathbb{R}^n$, 使得 $\Omega \oplus \Gamma = \mathbb{R}^n$.

此处, $\Omega \oplus \Gamma = \cup_{\gamma \in \Gamma}(\Omega + \gamma)$ 表示测度不交并. 若 $\Omega \oplus \Gamma = \mathbb{R}^n$, 则称集合 Ω 为 $\mathbb{R}^n$ 的一个铺砖, (Ω, Γ) 是一个平铺对. Fuglede 猜测引起了研究者们极大的兴趣. 在证明集合是谱集但不能平移铺砌空间 $\mathbb{R}^n$ 这个方向, Tao[2] 构造给出五维以上空间的例子, Matolcsi[3] 构造给出四维空间的例子, Kolountzakis 与 Matolcsi[4] 构造给出三维空间的例子; 在证明集合平移铺砌空间 $\mathbb{R}^n$ 但不是谱集这个方向, 文献 [5] 构造给出五维以上空间的例子, 文献 [6] 和 [7] 分别构造给出四维空间和三维空间的例子. Fuglede 猜测在一维空间或者二维空间是否成立, 至今仍然是一个公开问题.

尽管 Fuglede 猜测被证得在三维以上空间并不成立, 但是对于一些特殊情形, Fuglede 猜测可能成立. 例如, 文献 [1] 证得 Fuglede 猜测对 $\mathbb{R}^n$ 中的基本域成立. 一般地, 设 Ω 为 $\mathbb{R}^n$ 上的有限 Lebesgue 可测集, 并且 Λ 是一个满秩格, 则 (Ω, Λ) 是一个谱对, 当且仅当 Λ 的对偶格 Γ 满足 $\Omega \oplus \Gamma = \mathbb{R}^n$. 其中,

$$\Gamma = \{\gamma : \langle \gamma, \lambda \rangle \in \mathbb{Z} \text{ 对于所有的 } \lambda \in \Lambda \text{ 均成立}\}.$$

2022 年, Lev 和 Matolcsi[8] 证得 Fuglede 猜测对任意维欧几里得空间中的凸体成立. 事实上, 特殊 n-方体 $[0,1]^n$ 的谱性质已被 Lagarias、Reeds 与 Wang[9](参见文献 [10-11]) 于 2002 年完全刻画清楚: 设 Λ 为 $\mathbb{R}^n$ 的一个离散集合, 则 $([0,1]^n, \Lambda)$ 是一个谱对, 当且仅当 $([0,1]^n, \Lambda)$ 是一个平铺对. 对于非凸情形, 若集合 Ω 为有限个方体的不交并 (例如, 若 $\Omega = [0,1]^n + A, A \subseteq \mathbb{Z}^n$), 则其谱与平铺之间的相互关系并没有被完全研究清楚, 它们与 Hadamard 矩阵、有限 Abel 群的分解等有着密切的关系, 参见文献 [5] 和 [12-16].

研究其他底空间上的 Fuglede 猜测是否成立也是一个非常有趣的问题, 例如考虑 p-进域 $\mathbb{Q}_p$ (参见文献 [17-19]), 有限 Abel 群 (参见文献 [20-21]) 等. 另外, 若将 Fuglede 猜测中谱的一边用更加一般的概率测度 μ 来替代 Lebesgue 测度, 尤其是考虑概率测度 μ 为分形测度时, 将得到更加丰富的结果. 这将是本书关注的重点课题. 现陈述谱测度定义 (参见文献 [22]) 如下.

定义 1.1.1 设 μ 为 $\mathbb{R}^n$ 上的 Borel 概率测度. 称 μ 为谱测度, 若存在一个可数离散子集 $\Lambda \subseteq \mathbb{R}^n$ 使得指数型函数族

$$E(\Lambda) := \{e_\lambda(x) := e^{2\pi i \langle \lambda, x \rangle} : \lambda \in \Lambda\}$$

构成 Hilbert 空间 $L^2(\mu)$ 的规范正交基, 通常也被称作 Fourier 基. 此时, 称 Λ 为谱测度 μ 的一个谱, (μ, Λ) 构成一个谱对. 否则, 称 μ 为非谱测度.

Jorgensen 与 Pedersen 于 1998 年在文献 [22] 中给出第一类非原子奇异连续谱测度和非谱测度 (详见定理 1.4.2). 事实上, 该类测度是著名的 Cantor 测度. 在最简单情形中, 支撑在三分 Cantor 集 (图 1.1(a)) 上的均匀 Cantor 测度 μ_3 (见例 1.3.1) 的函数空间 $L^2(\mu_3)$ 中, 任意指数型正交集的个数至多含有两个元素, 因此 μ_3 并不是谱测度. 但是, 支撑在四分 Cantor 集 (图 1.1(b)) 上的均匀 Cantor 测

度 μ_4 (见例 1.3.1) 是一个谱测度, 它的一个谱是如下集合

$$\Lambda(1) = \left\{ \sum_{j=0}^{m} 4^j c_j : c_j \in \{0,1\},\ m \in \mathbb{N} \right\}. \tag{1.1.1}$$

Strichartz 在文献 [23] 中给出上述结果的一个新证明, 并在文献 [24] 中进一步研究一类无穷卷积测度 (或广义 Cantor 测度) 的指数型正交基的存在性问题. 自此, 研究者们开始系统地研究自相似测度、自仿测度、Moran 测度等分形测度的类似问题. 目前, 关于这些测度的研究已经成为分形上 Fourier 分析研究的热点问题之一. 实质上, 研究者们重点关注的谱测度理论中的一个基本问题是**谱问题**: 何种测度 μ 是谱测度? 详见文献 [25-42]. 若一个测度不是谱测度, 研究者们将进一步研究该测度的指数型极大正交集的个数, 详见文献 [34] 和 [43-47]; 或者研究一个测度的标架 (frame) 和 Riesz 基性质, 详见文献 [40] 和 [48-51].

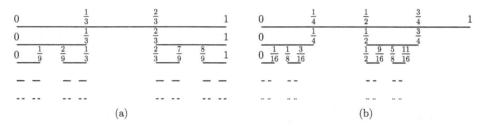

图 1.1　三分 Cantor 集的前 5 级逼近和四分 Cantor 集的前 5 级逼近

随着谱问题的深入研究, 研究者们发现奇异连续谱测度存在许多异于绝对连续谱测度的独特现象, 其中一个典型现象是它们的谱具有某种扩张性质. 例如, Strichartz[24] 发现式 (1.1.1) 中集合 $\Lambda(1)$ 被扩大 5 倍后所得到的集合

$$\Lambda(5) := 5\Lambda(1) = \left\{ \sum_{j=0}^{m} 4^j c_j : c_j \in \{0,5\},\ m \in \mathbb{N} \right\}$$

仍然构成谱测度 μ_4 的谱. 进一步, Dutkay 与 Jorgensen[36] 证得对于任意的正整数 k 均有集合

$$\Lambda(5^k) := 5\Lambda(5^k) = \left\{ \sum_{j=0}^{m} 4^j c_j : c_j \in \{0,5^k\},\ m \in \mathbb{N} \right\}$$

构成 μ_4 的谱, 但是 $\Lambda(3k) = 3k\Lambda(1)$ 不是 μ_4 的谱. 因此, 一个自然的基本问题是: 对于上述集合 $\Lambda(1)$, 何种整数 p 可以使得集合 $\Lambda(p) = p\Lambda(1)$ 构成 μ_4 的谱? Dai[52] 对该问题给出了完整解答 (详见定理 2.5.7). 受此启发, 作者和合作者在文献 [53-54] 中研究如下问题: 对于何种实数 p, 存在离散集 Λ, 使得集合 $\Lambda, p\Lambda$ 均构成测度 μ_4 的谱? 上述两个方面的基本问题在现有文献中被称为一维谱测度的**谱特征值问题**. 现陈述谱特征值、特征谱和谱特征值子空间的精确定义如下.

定义 1.1.2 假设 Borel 概率测度 μ 是实直线 $\mathbb{R}$ 上的谱测度. 称实数 p 为谱测度 μ 的一个谱特征值, 若存在一个离散集 $\Lambda \subseteq \mathbb{R}$ 使得 Λ 和 $p\Lambda$ 均构成 μ 的谱. 此时, 称集合 Λ 为 μ 的属于谱特征值 p 的一个特征谱, 称

$$\{\Lambda : \Lambda \text{ 和 } p\Lambda \text{ 均构成谱测度 } \mu \text{ 的谱}\}$$

为 μ 的属于谱特征值 p 的谱特征子空间.

谱特征值在高维空间 $\mathbb{R}^n$ 中被类似定义为谱特征矩阵. 本书将重点关注一维谱测度的谱特征值, 并在第 2 章、第 3 章和第 4 章完整给出包含伯努利卷积谱测度、连续型数字集生成的 Cantor 谱测度、两类广义 Cantor 型谱测度等一维谱测度的所有谱特征值, 并给出谱特征子空间的一个刻画.

奇异谱测度异于连续谱测度的另一个显著特征是傅里叶级数的**收敛性问题**. 具体地, 给定一个谱对 (μ, Λ), 其对应函数 $f \in L^2(\mu)$ 的傅里叶级数被定义为

$$S(f) = \sum_{\lambda \in \Lambda} c_\lambda(f) e^{2\pi i \lambda x},$$

其中,

$$c_\lambda(f) = \int f(x) e^{-2\pi i \lambda x} \, d\mu(x).$$

问: 其傅里叶级数何时在给定的一个点或者给定的一个集合上收敛或者发散?

针对该问题, Strichartz 首先在文献 [24] 中研究如下无穷卷积

$$\mu = \delta_{D_0} * \delta_{R_1^{-1} D_1} * \delta_{R_1^{-1} R_2^{-1} D_2} * \cdots$$

的谱问题, 其中, 每一个 (D_j, C_j) 均是相容对, $R_j \in M_d(\mathbb{Z})$ 的最小奇异值均严格大于 1, 且要求相容对 (D_j, C_j) 和矩阵 R_j 的选取方式均是有限的. 关于相容对

的介绍详见 1.4 节. 文献 [24] 的定理 2.8 给出一个充分条件保证 μ 是谱测度且其谱为

$$\Lambda = C_0 + R_1^* C_1 + R_1^* R_2^* C_2 + \cdots + R_1^* \cdots R_n^* C_n + \cdots. \tag{1.1.2}$$

通过附加额外条件, 文献 [48] 的定理 3.3 证得由式 (1.1.2) 中的谱 Λ 定义的连续函数的 mock 傅里叶级数一致收敛于函数本身. 特别地, 该结果对于四分 Cantor 测度 μ_4 和谱 $\Lambda(1)$ 成立. 在更强的条件下, 文献 [48] 的定理 3.4 证得 $L^1(\mu)$-函数的 mock 傅里叶级数几乎处处点态收敛于函数本身. 2014 年, Dutkay、Han 和 Sun[38] 研究自相似谱测度的一类谱诱导的 mock 傅里叶级数的发散性质. 他们给出一个使得谱的 mock 傅里叶级数能够发散的充分条件. 特别地, 对于测度 μ_4 和它的谱 $\Lambda(17), \Lambda(23), \Lambda(29)$, 均存在某个连续函数使得其 mock 傅里叶级数在点 0 处发散.

本书第 5 章将系统地研究直线上一类广义伯努利卷积测度的 mock 傅里叶级数的收敛性. 该章从两个方面完成了对文献 [24] 和 [48] 中一维情形下主要结果的推广: 一是所研究测度的数字集和压缩比的选取方式均有无穷多种; 二是从测度的不可数多个正交集出发定义三角级数并研究其收敛性.

1.2　谱　测　度

设 μ 为 $\mathbb{R}^n$ 上的 Borel 概率测度. 其平方可积函数空间 $L^2(\mu)$ 的内积定义为

$$\langle f, g \rangle = \int_{\mathbb{R}^n} f(x) \overline{g(x)} \, \mathrm{d}\mu(x), \qquad \text{若 } f, g \in L^2(\mu).$$

由定义 1.1.1 可知如下命题成立.

命题 1.2.1　设 μ 为 $\mathbb{R}^n$ 上的 Borel 概率测度, 则集合 $E(\Lambda)$ 构成空间 $L^2(\mu)$ 的规范正交基, 当且仅当如下两条成立

(i) (正交性) 若 $\lambda, \lambda' \in \Lambda$ 且 $\lambda \neq \lambda'$, 则 $\langle e_\lambda, e_{\lambda'} \rangle = 0$.

(ii) (完备性) 若 $\langle f, e_\lambda \rangle = 0$ 对于所有 $\lambda \in \Lambda$ 成立, 则 $f = 0$, μ-几乎处处.

1.2.1 正交性

为了描述测度的平方可积函数空间中指数型函数系统的正交性质, 需要先引入测度的傅里叶变换概念.

定义 1.2.1 设 μ 为 $\mathbb{R}^n$ 上的 Borel 概率测度. 定义测度 μ 的傅里叶变换为

$$\widehat{\mu}(\xi) = \int e^{-2\pi i \langle \xi, x \rangle} \, d\mu(x). \tag{1.2.1}$$

特别地, 若 $d\mu = f(x)\,dx$, 其中, $f \in L^1(dx)$, 则函数 f 的傅里叶变换定义为

$$\widehat{f}(\xi) := \widehat{\mu}(\xi) = \int e^{-2\pi i \langle \xi, x \rangle} f(x) \, dx.$$

特别地, 若命题 1.2.1 (i) 成立, 将简称集合 Λ 构成测度 μ 的正交集. 此时,

$$\widehat{\mu}(\lambda - \lambda') = \langle e_\lambda, e_{\lambda'} \rangle = \int e^{-2\pi i \langle \lambda - \lambda', x \rangle} \, d\mu(x) = 0. \tag{1.2.2}$$

给定 $\mathbb{R}^n$ 上的函数 f, 本书中采用记号 $\mathcal{Z}(f)$ 表示函数 f 的零点集的全体, 即

$$\mathcal{Z}(f) := \{\xi \in \mathbb{R}^n : f(\xi) = 0\}.$$

由式 (1.2.2) 可知, 下述命题是验证一个离散集合是否为正交集的有效工具. 通常, 若一个离散集 Λ 满足下式 (1.2.3), 则称 Λ 为测度 μ 的双零集.

命题 1.2.2 设 μ 为 $\mathbb{R}^n$ 上的 Borel 概率测度, 则集合 Λ 构成测度 μ 的一个正交集, 当且仅当

$$\Lambda - \Lambda \subseteq \mathcal{Z}(\widehat{\mu}) \cup \{0\}. \tag{1.2.3}$$

给定 $\mathbb{R}^n$ 上具有紧支撑的概率测度 μ 和一个离散集 $\Lambda \subseteq \mathbb{R}^n$. 设

$$Q_\Lambda(\xi) = \sum_{\lambda \in \Lambda} |\widehat{\mu}(\xi + \lambda)|^2 \qquad (\xi \in \mathbb{R}^n).$$

利用 $Q_\Lambda(\xi)$ 可给出集合 Λ 为概率测度 μ 的正交集的如下刻画.

命题 1.2.3 利用上述术语, 则下述命题等价:

(i) Λ 构成测度 μ 的一个正交集;

(ii) $0 \leqslant Q_\Lambda(\xi) = \sum_{\lambda \in \Lambda} |\widehat{\mu}(\xi + \lambda)|^2 \leqslant 1, \ \forall \ \xi \in \mathbb{R}^n$;

(iii) $Q_\Lambda(\xi) = \sum_{\lambda \in \Lambda} |\widehat{\mu}(\xi + \lambda)|^2 = 1, \ \forall \ \xi \in -\Lambda$.

事实上, Jorgensen 与 Pedersen[22] 最先定义 $Q_\Lambda(\xi)$ 并给出其如下基本性质.

命题 1.2.4 设 μ 为 $\mathbb{R}^n$ 上具有紧支撑的 Borel 概率测度, 并且 Λ 是测度 μ 的一个正交集, 则 $Q_\Lambda(\xi)$ 可以延拓为 $\mathbb{C}^n$ 上的解析函数.

1.2.2 完备性

给定 Hilbert 空间 $L^2(\mu)$ 的一个指数型正交集 $E(\Lambda)$, 其完备性判别可以采用《泛函分析》教材中的标准工具, 比如 Parseval 恒等式等. 而 Jorgensen 与 Pedersen[22] 给出的谱对判别准则如下. 本书将频繁的用到该结论.

定理 1.2.1 设 μ 为 $\mathbb{R}^n$ 上具有紧支撑的 Borel 概率测度, 并且 $\Lambda \subseteq \mathbb{R}^n$ 构成测度 μ 的一个正交集, 则 (μ, Λ) 是一个谱对, 当且仅当 $Q_\Lambda(\xi) = 1$ 对于所有的 $\xi \in \mathbb{R}^n$ 成立. 特别地, 当 $n = 1$ 时, (μ, Λ) 是一个谱对, 当且仅当存在 $r > 0$, 使得 $Q_\Lambda(\xi) = 1$ 对于所有的 $\xi \in (-r, r)$ 成立.

需要说明的是, 定理 1.2.1 中第一个命题的证明本质上是采用 Parserval 恒等式和 Stone-Weierstrass 逼近定理. 而第二个命题是应用命题 1.2.4 中函数 Q_Λ 的解析性质. 近期, Li、Miao 与 Wang[55] 证得该定理对非紧支撑测度也成立.

如下结论是定理 1.2.1 的简单应用.

引理 1.2.1 设 μ 为 $\mathbb{R}^n$ 上具有紧支撑的 Borel 概率测度, 并且 $\Lambda \subseteq \mathbb{R}^n$ 是一个可数集, 则如下命题成立.

(i) (μ, Λ) 是一个谱对, 当且仅当 $(\mu, -\Lambda)$ 是一个谱对.

(ii) (μ, Λ) 是一个谱对, 当且仅当对于任意的 $a \in \mathbb{R}^n$, 均有 $(\mu, \Lambda + a)$ 构成一个谱对.

证明 由式 (1.2.1) 可知 $|\widehat{\mu}(\xi)|^2 = |\widehat{\mu}(-\xi)|^2$ $(\xi \in \mathbb{R}^n)$, 因此

$$Q_{-\Lambda}(\xi) = \sum_{\lambda \in \Lambda} |\widehat{\mu}(\xi - \lambda)|^2 = \sum_{\lambda \in \Lambda} |\widehat{\mu}(-\xi + \lambda)|^2 = Q_\Lambda(-\xi), \quad (\xi \in \mathbb{R}^n).$$

应用定理 1.2.1 可得 (i) 成立. 另外, 对于任意的 $a \in \mathbb{R}^n$ 有

$$Q_{\Lambda+a}(\xi) = \sum_{\lambda \in \Lambda} |\widehat{\mu}(\xi + a + \lambda)|^2 = Q_\Lambda(\xi + a), \quad (\xi \in \mathbb{R}^n).$$

再次应用定理 1.2.1 知 (ii) 成立. 故该引理得证. □

引理 1.2.1 (ii) 表明谱具有平移不变性, 因此在研究中总可以不失一般性地假设谱 Λ 中含有零元素, 即 $0 \in \Lambda$. 基于该性质, 在本书中总是将一个测度 μ 的谱 Λ 及其平移得到的谱 $\Lambda + a \ (a \in \mathbb{R}^n)$ 视为同一个谱.

在研究过程中, 不可避免地要处理两个概率测度的卷积, 现陈述卷积定义及其谱性判别准则如下. 特别地, 引理 1.2.2 (文献 [31] 证得) 将在后续章节中频繁使用.

定义 1.2.2 设 μ_1 和 μ_2 是 $\mathbb{R}^n$ 上的两个 Borel 概率测度, 则它们的卷积 $\mu = \mu_1 * \mu_2$ 定义为

$$\int_{\mathbb{R}^n} f(x) \, \mathrm{d}\mu(x) = \int_{\mathbb{R}^n} \int_{\mathbb{R}^n} f(x_1 + x_2) \, \mathrm{d}\mu_1(x_1) \, \mathrm{d}\mu_2(x_2).$$

其中 f 为 $\mathbb{R}^n$ 上具有紧支撑的连续函数.

引理 1.2.2 设 $\mu = \mu_0 * \mu_1$ 为两个概率测度 $\mu_i \ (i = 0, 1)$ 的卷积, 其中 μ_i 均不是 Dirac 测度. 假设离散集合 Λ 是测度 μ_0 的一个正交集, 则集合 Λ 也是测度 μ 的一个正交集, 但并不是测度 μ 的一个谱.

证明 因为 μ_i 不是一个 Dirac 测度, 所以 $|\widehat{\mu}_i(\xi)| \not\equiv 1$. 因为 $\widehat{\mu}_0(0) = 1$, 那么存在一点 ξ_0, 使得 $|\widehat{\mu}_0(\xi_0)| \neq 0$ 并且 $|\widehat{\mu}_1(\xi_0)| < 1$. 因此,

$$Q(\xi_0) = \sum_{\lambda \in \Lambda} |\widehat{\mu}(\xi_0 + \lambda)|^2 = \sum_{\lambda \in \Lambda} |\widehat{\mu}_0(\xi_0 + \lambda)|^2 |\widehat{\mu}_1(\xi_0 + \lambda)|^2 < \sum_{\lambda \in \Lambda} |\widehat{\mu}_0(\xi_0 + \lambda)|^2 \leqslant 1.$$

根据定理 1.2.1, 该引理得证. $\qquad\square$

1.2.3 纯型性质

根据 Lebesgue-Radon-Nikodym 定理 (例如, 参见文献 [56] 的定理 6.10), $\mathbb{R}^n$ 上的概率测度 μ 可以分解为

$$\mu = \mu_{\mathrm{pp}} + \mu_{\mathrm{sc}} + \mu_{\mathrm{ac}},$$

其中, μ_{pp} 表示测度 μ 的离散部分, μ_{sc} 表示测度 μ 的奇异连续部分, μ_{ac} 表示测度 μ 的绝对连续部分. Łaba 与 Wang[57] 证得若一个测度为谱测度, 则该测度要么是离散的, 要么是连续的. He、Lai 与 Lau[40] 进一步证得如下结果.

定理 1.2.2 若测度 μ 为谱测度, 则该测度要么是离散测度, 要么是奇异连续测度, 要么是绝对连续测度.

因此, 若要研究一个测度是否为谱测度, 只需要分别研究离散测度、奇异连续测度或者绝对连续测度. 文献 [40] 的研究表明离散谱测度的概率分布是均匀的, 文献 [51] 和 [58] 证得绝对连续测度的谱性可转化为研究 Lebesgue 测度情形, 现分别陈述为如下定理.

定理 1.2.3 若离散测度 μ 为谱测度, 则测度 $\mu = \dfrac{1}{\#D} \sum\limits_{d \in D} \delta_d$, 其中 $\#D$ 表示数字集 D 的个数.

定理 1.2.4 若绝对连续测度 μ 为谱测度, 则存在紧集 Ω 使得 $\mu = \dfrac{1}{m(\Omega)} \chi_\Omega \, \mathrm{d}x$, 其中 $m(\Omega)$ 表示集合 Ω 的 Lebesgue 测度.

1.3 自仿测度

迭代函数系统是构造许多分形集和分形测度的一种非常有效的方法, 有关它的论述已经非常丰富. 本节仅不加证明地介绍与本书研究内容密切相关的 (齐次) 自仿集和 (齐次) 自仿测度的基本理论.

定义 1.3.1 设 $R \in M_n(\mathbb{R})$ 是一个 $n \times n$ 的实矩阵, D 是 $\mathbb{R}^n$ 的一个有限数字集. 定义映射

$$\tau_d(x) = R^{-1}(x + d) \qquad (x \in \mathbb{R}^n, \ d \in D). \tag{1.3.1}$$

记号 R^{-1} 表示矩阵 R 的逆矩阵, R^{T} 表示矩阵 R 的转置, R^k 表示 k 个矩阵 R 的乘积. 若矩阵 R 的最小奇异值严格大于 1, 则 $\mathbb{R}^n$ 上的欧几里得 2-范数使得映射 τ_d 为压缩映射, 即 $\{\tau_d\}_{d \in D}$ 构成 $\mathbb{R}^n$ 上的一个迭代函数系统 (IFS). 此时可以应用 Hutchinson[59] 在 1981 年的一个定理得到如下结论.

定理 1.3.1 对于上述 IFS $\{\tau_d\}_{d \in D}$, 存在唯一非空紧子集 $T(R, D) \subseteq \mathbb{R}^n$ 满足不变方程

$$T(R, D) = \bigcup_{d \in D} \tau_d(T(R, D)).$$

具体地, $T(R, D)$ 中元素具有如下 R 进制展开式

$$T(R, D) = \left\{ \sum_{j=1}^{\infty} R^{-j} d_j : d_j \in D \right\}. \tag{1.3.2}$$

更进一步, 假设 $P := (p_d)_{d \in D}$ 是与迭代函数系统 $\{\tau_d\}_{d \in D}$ 相对应的一个概率向量, 其中 $\sum_{d \in D} p_d = 1, 0 \leqslant p_d \leqslant 1$, 则存在唯一的 Borel 概率测度 $\mu_{R,D,P}$ 满足如下不变方程

$$\mu_{R,D,P} = \sum_{d \in D} p_d \mu_{R,D,P} \circ \tau_d^{-1},$$

即对于任意的连续函数 $f : \mathbb{R}^n \to \mathbb{C}$ 有

$$\int f(x) \, \mathrm{d}\mu_{R,D,P}(x) = \sum_{d \in D} p_d \int f(\tau_d(x)) \, \mathrm{d}\mu_{R,D,P}(x).$$

特别地, 若 $p_d > 0$ 对于任意的 $d \in D$ 均成立, 则测度 $\mu_{R,D,P}$ 的支撑集为 $T(R, D)$.

定理 1.3.1 中的紧集 $T(R, D)$ 被称作 IFS $\{\tau_d\}_{d \in D}$ 的吸引子或者自仿集, 测度 $\mu_{R,D,P}$ 被称作迭代函数系 $\{\tau_d\}_{d \in D}$ 的不变测度或者自仿测度. 若矩阵 R 是正交矩阵, 则称该自仿集为自相似集, 该自仿测度为自相似测度. 特别地, $\mathbb{R}$ 上的自仿测度均是自相似测度, 也被称作 Cantor 测度. 关于自仿集和自仿测度的更多信息, 读者可查阅文献 [60-62].

在自仿测度或自相似测度的谱理论研究中, 基于著名的一维自相似谱测度的 Łaba-Wang 猜想[25] 及其后续研究 (参见文献 [35]、[51]、[63]), 研究者们重点关注具有相同权重的自仿测度的谱性质, 即 $p_d = \dfrac{1}{\#D}$ $(d \in D)$. 此时, 记该自仿测度为 $\mu_{R,D}$, 其满足不变方程

$$\mu_{R,D} = \frac{1}{\#D} \sum_{d \in D} \mu_{R,D} \circ \tau_d^{-1}. \tag{1.3.3}$$

本书中, 采用记号 δ_A 表示支撑在一个有限集合 A 上的均匀概率测度, 即

$$\delta_A = \frac{1}{\#A} \sum_{a \in A} \delta_a, \tag{1.3.4}$$

其中, δ_a 表示支撑在点 a 上的 Dirac 测度. 另外, 式 (1.3.3) 中自仿测度 $\mu_{R,D}$ 也可以表达为一列离散测度 $\{\delta_{R^{-1}D} * \delta_{R^{-2}D} * \cdots * \delta_{R^{-n}D}\}_{N \in \mathbb{N}}$ 的弱 $*$ 极限, 即对于

任意的紧支撑连续函数 $f \in C_c(\mathbb{R}^n)$, 有

$$\lim_{n \to \infty} \int f(x) \mathrm{d}(\delta_{R^{-1}D} * \delta_{R^{-2}D} * \cdots * \delta_{R^{-n}D})(x) = \int f(x) \, \mathrm{d}\mu_{\mathbf{R},D}(x).$$

由式 (1.2.1) 计算可得, 式 (1.3.4) 中测度 δ_A 的傅里叶变换为

$$\widehat{\delta}_A(\xi) = \frac{1}{\#A} \sum_{a \in A} \mathrm{e}^{-2\pi \mathrm{i}\langle \xi, a \rangle} \qquad (\xi \in \mathbb{R}^n),$$

而式 (1.3.3) 中测度 $\mu_{R,D}$ 的傅里叶变换 $\widehat{\mu}_{R,D}$ 为

$$\widehat{\mu}_{R,D}(\xi) = \prod_{j=1}^{\infty} \widehat{\delta}_{R^{-j}D}(\xi) = \prod_{j=0}^{\infty} \widehat{\delta}_{R^{-1}D}((R^{\mathrm{T}})^{-j}\xi) \qquad (\xi \in \mathbb{R}^n). \tag{1.3.5}$$

由此可得连续测度和离散测度的傅里叶变换的零点之间有如下关系式:

$$\mathcal{Z}(\widehat{\mu}_{R,D}) = \bigcup_{j=0}^{\infty} (R^{\mathrm{T}})^j \mathcal{Z}(\widehat{\delta}_{R^{-1}D}). \tag{1.3.6}$$

在本书中, 对于给定的整矩阵 R 和一个有限数字集合 $A \subseteq \mathbb{R}^n$, 总是用记号 $T(R, A)$ 表示形如式 (1.3.2) 的自仿集, 记号 $\mu_{R,A}$ 表示形如式 (1.3.3) 的自仿测度, 记号 δ_A 表示如式 (1.3.4) 的离散测度.

下述简单结论在研究中非常有用.

命题 1.3.1 令 $R \in M_n(\mathbb{Z})$ 为一个 $n \times n$ 的整矩阵, D 与 A 为 $\mathbb{Z}^n$ 中具有相同个数的数字集且要求 $0 \in A$, 则下述结论是等价的.

(i) $\mathcal{Z}(\widehat{\delta}_{R^{-1}D}) \cap T(R^{\mathrm{T}}, A) = \varnothing$;

(ii) $\mathcal{Z}(\widehat{\mu}_{R,D}) \cap T(R^{\mathrm{T}}, A) = \varnothing$.

证明 由式 (1.3.6) 知 (ii) $\Rightarrow$ (i) 是明显的.

(i) $\Rightarrow$ (ii) 假设 $\mathcal{Z}(\widehat{\delta}_{R^{-1}D}) \cap T(R^{\mathrm{T}}, A) = \varnothing$. 利用式 (1.3.1)、式 (1.3.2) 以及 $0 \in A$, 可以得到

$$(R^{\mathrm{T}})^{-j} T(R^{\mathrm{T}}, A) \subseteq T(R^{\mathrm{T}}, A) \quad (j \in \mathbb{N}_+).$$

故 $\mathcal{Z}(\widehat{\delta}_{R^{-1}D}) \cap (R^{\mathrm{T}})^{-j} T(R^{\mathrm{T}}, A) = \varnothing$ 对于所有的 $j \in \mathbb{N}_+$ 均成立. 此时式 (1.3.6) 蕴含结论 (ii) 成立. $\qquad \square$

引理 1.3.1 设 μ 为 $\mathbb{R}^n$ 上具有紧支撑的 Borel 概率测度, 并且 $\Lambda \subseteq \mathbb{R}^n$ 是一个可数集, 则如下命题成立.

(i) $(\mu_{R,D}, \Lambda)$ 是一个谱对, 当且仅当对于任意的 $a \in \mathbb{R}^n$, 均有 $(\mu_{R,D+a}, \Lambda)$ 是一个谱对.

(ii) 对于任意的非零实数 r, 总有 $(\mu_{R,rD}, \Lambda)$ 是一个谱对, 当且仅当 $(\mu_{R,D}, r\Lambda)$ 是一个谱对.

证明 利用式 (1.3.5) 计算可得, 对于任意的 $a \in \mathbb{R}^n$ 和非零实数 $r \in \mathbb{R} \setminus \{0\}$ 有

$$|\widehat{\mu}_{R,D+a}(\xi)| = |\widehat{\mu}_{R,D}(\xi)| \quad \text{且} \quad |\widehat{\mu}_{R,rD}(\xi)| = |\widehat{\mu}_{R,D}(r\xi)| \qquad (\xi \in \mathbb{R}^n).$$

因此, 对于任意的 $\xi \in \mathbb{R}^n$ 均有

$$\sum_{\lambda \in \Lambda} |\widehat{\mu}_{R,D+a}(\xi + \lambda)|^2 = \sum_{\lambda \in \Lambda} |\widehat{\mu}_{R,D}(\xi + \lambda)|^2,$$

$$\sum_{\lambda \in \Lambda} |\widehat{\mu}_{R,rD}(\xi + \lambda)|^2 = \sum_{\lambda \in \Lambda} |\widehat{\mu}_{R,D}(r\xi + r\lambda)|^2.$$

故由定理 1.2.1, 命题得证. $\qquad \square$

根据定理 1.3.1, 可以给出图 1.1 中 Cantor 集上的测度的构造.

例 1.3.1 给定实直线 $\mathbb{R}$ 上的迭代函数系统 $\left\{\frac{1}{3}x, \frac{1}{3}(x+2)\right\}$ 和概率权重 $\left(\frac{1}{2}, \frac{1}{2}\right)$, 则存在支撑在三分 Cantor 集 (图 1.1(a))

$$T(3, \{0, 2\}) = \left\{\sum_{j=1}^{\infty} 3^{-j} c_j : c_j \in \{0, 2\}\right\}$$

上的唯一 Borel 概率测度 $\mu_3 := \mu_{3,\{0,2\}}$. 类似地, 给定实直线 $\mathbb{R}$ 上的迭代函数系统 $\left\{\frac{1}{4}x, \frac{1}{4}(x+2)\right\}$ 和概率权重 $\left(\frac{1}{2}, \frac{1}{2}\right)$, 则存在支撑在四分 Cantor 集 (图 1.1(b))

$$T(4, \{0, 2\}) = \left\{\sum_{j=1}^{\infty} 4^{-j} c_j : c_j \in \{0, 2\}\right\}$$

上的唯一 Cantor 概率测度 $\mu_4 := \mu_{4,\{0,2\}}$.

例 1.3.1 中的自相似测度 μ_3 和 μ_4 均是 Cantor 测度. 事实上, 本书定理 2.1.3 中的伯努利卷积 μ_ρ 和第 3 章中的测度 $\mu_{\rho,q}$ 都是 Cantor 测度. 由图 1.1 中 Cantor 集的构造过程可知, Cantor 集的一个显著特点是任意相邻两层的压缩比例和摆放位置完全相同. 另外, 若在 Cantor 集的构造过程中改变任意相邻两层的压缩比例或者摆放位置, 仍然可以得到一个紧集, 该集合被称作广义 Cantor 集或者 Moran 集; 而支撑在该紧集上的测度被称作广义 Cantor 测度或者 Moran 测度. 尽管本书中的另外三类主要研究对象 (定理 2.1.4 中的 $\mu_{\rho, \{a_k, b_k\}}$、定理 4.1.1 中的 $\mu_{\rho, \{a_n, b_n, c_n\}}$ 和定理 5.1.1 中的 $\mu_{\mathcal{P}}$) 在形式上被表述成无穷卷积形式, 但它们在本质上均是广义 Cantor 测度或者 Moran 测度.

本节最后将从卷积结构出发将式 (1.3.3) 中的自仿测度 $\mu_{R,D}$ 推广为广义 Cantor 测度或者 Moran 测度. 事实上, 式 (1.3.3) 中的自仿测度 $\mu_{R,D}$ 在弱 $*$ 拓扑意义下可以写成如下无穷卷积形式

$$\mu_{R,D} = \delta_{R^{-1}D} * \delta_{R^{-2}D} * \cdots * \delta_{R^{-n}D} * \cdots.$$

具体地, 给定一列矩阵 $\mathfrak{R} := \{R_j\}_{j=1}^\infty$ 和一列数字集 $\mathfrak{D} := \{D_j\}_{j=1}^\infty$, 则考虑如下无穷卷积测度

$$\mu_{\mathfrak{R},\mathfrak{D}} = \delta_{R_1^{-1}D_1} * \delta_{R_1^{-1}R_2^{-1}D_2} * \cdots * \delta_{R_1^{-1}R_2^{-1}\cdots R_n^{-1}D_n} * \cdots. \tag{1.3.7}$$

显然, 若对于任意的 $j \in \mathbb{N}$ 均有 $R = R_j$ 和 $D = D_j$, 则上述测度 $\mu_{\mathfrak{R},\mathfrak{D}}$ 是自仿测度 $\mu_{R,D}$. 若上述矩阵 R_j 和数字集 D_j 的选取方式都是有限的, 则很容易验证测度 $\mu_{\mathfrak{R},\mathfrak{D}}$ 的存在性, 参见文献 [24]. 一般地, 测度 $\mu_{\mathfrak{R},\mathfrak{D}}$ 存在的充要条件可参见文献 [64-65]. 由于本书第 2~5 章中所研究的五类测度均属于式 (1.3.7) 中所描述的实直线 $\mathbb{R}$ 上的测度的特殊情形, 也是例 1.3.1 中 Cantor 测度的推广情形. 因此, 在本书中将其统称为 Cantor 型测度.

1.4 相 容 对

相容对是构造谱测度的一个重要的充分条件. 该概念首次由 Strichartz[24] 定义给出, 其本质上由 Jorgensen 与 Pedersen[22] 于 1998 年引入.

定义 1.4.1 设 $R \in M_n(\mathbb{Z})$ 为一个 $n \times n$ 的可逆整矩阵, $D, C \subseteq \mathbb{Z}^n$ 为两个等势有限数字集合, 称二元组 $(R^{-1}D, C)$ 构成一个相容对, 或二元组 (R, D) 是可允许的, 或三元组 (R, D, C) 构成一个阿达玛对, 若矩阵

$$H_{R^{-1}D,C} := \frac{1}{\sqrt{\#D}} \left[e^{2\pi i \langle R^{-1}d, c \rangle} \right]_{d \in D, c \in C} \tag{1.4.1}$$

是一个酉矩阵, 即 $H_{R^{-1}D,C}^{\mathrm{T}} H_{R^{-1}D,C} = I$.

需要说明的是, 原始文献 [24] 中相容对的定义没有限定数字集 D, C 取整元素. 如无特别说明, 本书中相容对的矩阵和数字集均取整元素, 其如下基本性质被文献 [22-25] 所证明.

命题 1.4.1 设 $R \in M_n(\mathbb{Z})$ 为一个 $n \times n$ 的可逆整矩阵, $D, C \subseteq \mathbb{Z}^n$ 为两个等势有限数字集, $0 \in D \cap C$, 使得 $(R^{-1}D, C)$ 构成一个相容对, 则下述断言成立.

(i) $\delta_{R^{-1}D}$ 是一个谱测度, 并且 C 为其谱.

(ii) 对于任意的 $a, b \in \mathbb{Z}^n$, 均有 $(R^{-1}(D+a), C+b)$ 构成一个相容对.

(iii) 假设 $\mathcal{C} \subseteq \mathbb{Z}^n$ 使得 $C \equiv \mathcal{C} \pmod{R\mathbb{Z}^n}$, 则 $(R^{-1}D, \mathcal{C})$ 构成一个相容对.

(iv) 假设对于任意的 $k \in \mathbb{N}$, $(R^{-1}D_k, C_k)$ 构成相容对. 定义 $\mathcal{D}_k := R^{-1}D_1 + \cdots + R^{-k}D_k$, $\mathcal{C}_k := C_1 + R^{\mathrm{T}}C_2 + \cdots + (R^{\mathrm{T}})^{k-1}C_k$, 则 $(\mathcal{D}_k, \mathcal{C}_k)$ 构成一个相容对.

显然, 相容对 $(R^{-1}D, C)$ 可提供如下两组迭代函数系统

$$\{\sigma_d(x) := R^{-1}(x+d) : d \in D\} \quad \text{和} \quad \{\tau_c(x) := R^{\mathrm{T}}(x+c) : c \in C\}_{d \in D}.$$

将定理 1.3.1 应用于 $\{\sigma_d\}_{d \in D}$, 可自然的产生自仿测度 $\mu_{R,D}$ 和自仿集 $T(R, D)$. 而点 0 在 $\{\tau_c\}_{c \in C}$ 的作用下可自然的产生如下广义自仿集 (或广义分形集):

$$\Lambda(R, C) = \left\{ \sum_{j=0}^{m} (R^{\mathrm{T}})^j c_j : c_j \in C, \quad m \in \mathbb{N} \right\}. \tag{1.4.2}$$

由命题 1.2.2 和命题 1.4.1 容易证得 $\Lambda(R, C)$ 构成 $\mu_{R,D}$ 的一个正交集, 但是集合 $\Lambda(R, C)$ 的完备性证明比较困难. Strichartz[23] 利用小波分析中的方法给出 $\Lambda(R, C)$ 成为测度 $\mu_{R,D}$ 的谱的第一个充分条件, 其他充分条件或者充分必要条件可参见 [24] 和 [66-67]. 现分别陈述文献 [22] 和 [23] 中的一个结果如下.

命题 1.4.2　若 $(R^{-1}D, C)$ 构成一个相容对, 则集合 $\Lambda(R, C)$ 构成自仿测度 $\mu_{R,D}$ 的一个正交集.

定理 1.4.1　设 $R \in M_n(\mathbb{Z})$ 为一个 $n \times n$ 的扩张整矩阵, $D, C \subseteq \mathbb{Z}^n$ 为两个等势有限数字集, 并且 $(R^{-1}D, C)$ 构成一个相容对. 若 $\mathcal{Z}(\widehat{\delta}_{R^{-1}D}) \cap T(R^{\mathrm{T}}, C) = \varnothing$, 则 $\Lambda(R, C)$ 是 $\mu_{R,D}$ 的一个谱.

现陈述 Jorgensen 与 Pedersen[22] 发现的第一类奇异谱测度和非谱测度如下.

定理 1.4.2　设 $R \geqslant 2$ 为一个正整数, 数字集 $D = \{0, 2\}$. 若 R 为偶数, 则测度 $\mu_{R,D}$ 为谱测度, 且其谱为 $\Lambda(R, \{0, R/2\})$; 若 R 为奇数, 则测度 $\mu_{R,D}$ 的指数型正交集至多含有两个元素, 从而不是谱测度.

Łaba 与 Wang[25] 于 2002 年首先证得由相容对生成的一维自相似测度必定是谱测度. 直到 2019 年, Dutkay、Hausserman 与 Lai[68] 证得 $\mathbb{R}^n$ 上由相容对生成的自仿测度必定是谱测度. 现分别陈述这两个结果如下.

定理 1.4.3　设 $R \geqslant 2$ 是一个正整数, D 与 C 是整数集 $\mathbb{Z}$ 中具有相同势的有限子集, 并且使得 $(R^{-1}D, C)$ 构成一个相容对. 因此自相似测度 $\mu_{R,D}$ 是一个谱测度. 更进一步, 若 $0 \in C \subseteq [-R+2, R-2]$, 则 $\mu_{R,D}$ 是一个谱测度并且具有如下谱

$$\Lambda(R, C) = \left\{ \sum_{j=0}^{m} R^j c_j : c_j \in C, \ \ m \in \mathbb{N} \right\}.$$

定理 1.4.4　设 $R \in M_n(\mathbb{Z})$ 为一个 $n \times n$ 的扩张整矩阵, $D, C \subseteq \mathbb{Z}^n$ 为两个等势有限数字集, 并且 $(R^{-1}D, C)$ 构成一个相容对, 则 $\mu_{R,D}$ 是一个谱测度.

注 1.4.1　在自仿测度的谱性质研究方面, 相容对条件只是自仿测度成为谱测度的充分条件. 事实上, $\mathbb{R}^n$ 中存在大量的自仿测度 $\mu_{R,D}$ 是谱测度, 但不存在数字集 $C \subseteq \mathbb{Z}^n$ 使得 $(R^{-1}D, C)$ 构成相容对, 具体例子可参考文献 [69-71].

注 1.4.2　即使相容对 $(R^{-1}D, C)$ 可保证测度 $\mu_{R,D}$ 是一个谱测度, 但是集合 $\Lambda(R, C)$ 不一定是测度 $\mu_{R,D}$ 的谱, 最简单的例子见例 1.4.1.

例 1.4.1　设 $R \geqslant 2$ 为正整数, 且 $D = \{0, 1, \cdots, R-1\}$, 则测度 $\mu_{R,D}$ 恰好为闭区间 $[0, 1]$ 上的 Lebesgue 测度, 显然它为谱测度, 其谱为 $\mathbb{Z}$. 此时取 $C = D$, 显然有 $(R^{-1}D, C)$ 构成一个相容对, 但是 $\Lambda(R, C) = \mathbb{N}$ 不是它的谱.

作为自仿测度的自然推广, 式 (1.3.7) 中的测度 $\mu_{\mathfrak{R},\mathfrak{D}}$ 的谱性质目前已得到较为广泛的研究. 如前所述, Strichartz 最先在文献 [24] 中给出由有限多个相容对生成的测度 $\mu_{\mathfrak{R},\mathfrak{D}}$ 成为谱测度的一个充分条件. 直到 2014 年, An 与 He[26]、Garardo 与 Lai[72]、Dai 与 Sun[73] 从不同角度系统地研究了由连续型数字集生成的形如 $\mu_{\mathfrak{R},\mathfrak{D}}$ 的测度的谱性问题. 近十年来, 专家学者们在测度 $\mu_{\mathfrak{R},\mathfrak{D}}$ 的谱和非谱问题、测度 $\mu_{\mathfrak{R},\mathfrak{D}}$ 和相容对的存在性关系方面取得了较为丰硕的成果, 详见文献 [24]、[26]、[65]、[71]、[73-76] 等.

第 2 章   伯努利卷积谱测度的谱

2.1   引言和主要结果

本章将研究伯努利卷积 μ_ρ ($\rho > 1$) 和广义伯努利卷积 $\mu_{\rho,\{a_k,b_k\}}$ 的谱特征值问题. 具体地, 伯努利卷积 μ_ρ 是 $\mathbb{R}$ 上的 Borel 概率测度, 并且满足如下不变方程

$$\mu_\rho(\cdot) = \frac{1}{2}\mu_\rho \circ \tau_+^{-1}(\cdot) + \frac{1}{2}\mu_\rho \circ \tau_-^{-1}(\cdot),$$

其中, $\{\tau_+(x) = \rho^{-1}(x+1),\ \tau_-(x) = \rho^{-1}(x-1)\}$ 为 $\mathbb{R}$ 上的迭代函数系统. 除此之外, 测度 μ_ρ 还有其他两种等价的表述形式 (例如, 可参见文献 [77]). 一种表述是 μ_ρ 是随机级数 $\sum\limits_{n=1}^{\infty} \pm\rho^{-n}$ 的分布, 其中, 符号 "$+$" 与 "$-$" 被选取的概率均为 $1/2$. 另一种表述是它在弱 $*$ 极限意义下可表示为如下无穷卷积

$$\mu_\rho := \mu_{\rho,D} = \delta_{\rho^{-1}D} * \delta_{\rho^{-2}D} * \cdots * \delta_{\rho^{-n}D} * \cdots, \tag{2.1.1}$$

其中, $D = \{-1,1\}$. 测度 μ_ρ 的支撑集为如下紧集

$$T(\rho, \{-1,1\}) := \left\{ \sum_{j=1}^{\infty} \rho^{-j}c_j : c_j \in \{-1,1\} \right\}.$$

伯努利卷积的研究具有较长的历史, 其与动力系统、调和分析、代数数论、分形几何等学科领域密切关联, 详见文献 [64] 和 [77-81]. 本章将主要关注测度 μ_ρ 的平方可积函数空间 $L^2(\mu_\rho)$ 的指数型规范正交基的构造性问题. 针对该问题, 如下仅简单回顾测度 μ_ρ 的指数型规范正交基的存在性结果, 并陈述本章主要结果.

根据定理 1.4.2 和引理 1.3.1, 容易验证对于每一个自然数 $k \in \mathbb{N}$ 且 $k > 1$, 离散集合 $E(\Lambda(2k,C))$ 构成 Hilbert 空间 $L^2(\mu_{2k})$ 的一族规范正交基, 其中, $C = $

$$\left\{0, \frac{k}{2}\right\},$$

$$\Lambda(2k, C) = \left\{\sum_{j=0}^{m}(2k)^j c_j : c_j \in C, \ 0 \leqslant j \leqslant m, \ m \in \mathbb{N}\right\}. \tag{2.1.2}$$

更进一步, Hu 与 Lau[41] 于 2008 年证得 $L^2(\mu_\rho)$ 的指数型正交系统含有无穷多个元素, 当且仅当存在正整数 p, q, r 使得 $\rho^{-1} = \left(\dfrac{p}{2q}\right)^{1/r}$. 直到 2012 年, Dai[29] 证得文献 [22] 中结果的反面成立. 概述之, 有如下定理成立.

定理 2.1.1 伯努利卷积测度 μ_ρ 是谱测度, 当且仅当 ρ 是一个偶数. 特别地, 令 $C = \left\{0, \dfrac{k}{2}\right\}, k \in \mathbb{Z} \setminus \{\pm 1\}$, 则离散集合

$$\Lambda(2k, C) = \left\{\sum_{j=0}^{m}(2k)^j c_j : c_j \in C, \ 0 \leqslant j \leqslant m, \ m \in \mathbb{N}\right\}$$

构成 μ_{2k} 的一个谱.

作为定理 2.1.1 的推广, An、He 与 Li[28] 考虑如下广义伯努利卷积

$$\mu_{\rho, \{a_k, b_k\}} = \delta_{\rho^{-1}\{a_1, b_1\}} * \delta_{\rho^{-2}\{a_2, b_2\}} * \cdots$$

的谱问题, 其中 $\rho > 1$ 且 $\{a_k, b_k\}_{k=1}^{\infty}$ 为有界整数列. 显然, 测度 $\mu_{\rho, \{a_k, b_k\}}$ 在弱 $*$ 拓扑意义下存在.

文献 [28] 的定理 1.1 证得: 若 $\mu_{\rho, \{a_k, b_k\}}$ 是一个谱测度, 则 ρ 是一个偶数; 反之不成立. 特别地, 文献 [28] 的定理 1.3 给出一个充分但非必要条件使得测度 $\mu_{\rho, \{a_k, b_k\}}$ 成为谱测度. 具体地, 令 $d_k := b_k - a_k = 2^{l_k} m_k$, $k \in \mathbb{N}$, 其中, m_k 均是正奇数, $L = \max\limits_{k \geqslant 1} l_k < \infty$, 则有如下结果成立.

定理 2.1.2 假设 $\rho = 2^{l+1} q$ 是一个正整数, 满足如下条件: 若 $q = 1$, 则 $l > L$; 若奇数 $q > 1$, 则 $l \geqslant L$. 无穷卷积测度 $\mu_{\rho, \{a_k, b_k\}}$ 是一个谱测度.

基于上述结果, 本章主要目标是确定定理 2.1.1 和定理 2.1.2 中两类谱测度 μ_{2k} 和 $\mu_{\rho, \{a_k, b_k\}}$ 的所有谱特征值, 分别陈述为定理 2.1.3 和定理 2.1.4.

定理 2.1.3 假设 $k \in 2\mathbb{Z}$, 则实数 p 是伯努利卷积谱测度 μ_{2k} 的一个谱特征值, 当且仅当 p 是两个奇数的商.

定理 2.1.4　假设 p 是一个实数. 在定理 2.1.2 的条件假设下, 如下命题等价:

(i) p 是谱测度 $\mu_{\rho,\{a_k,b_k\}}$ 的谱特征值;

(ii) 存在 $p_1, p_2 \in \mathbb{Z} \setminus \{0\}$ 使得 $p = \dfrac{p_1}{p_2}$, 其中, $\gcd(p_1, p_2) = 1$ 且 p_1, p_2 是奇数.

为完成定理 2.1.3 的证明, 本章 2.2 节首先研究 $\mathbb{R}$ 上一类随机卷积的谱. 本章剩余节次安排如下: 2.3 节和 2.4 节中分别给出定理 2.1.3 和定理 2.1.4 的证明; 2.5 节给出在证明上述两个定理过程中得到的其他结果; 2.6 节给出本章小结.

2.2　随机卷积的谱

本节研究实直线上一类由相容对产生的随机卷积的谱性质. 本节部分结果将用于证明定理 2.1.3 和定理 4.1.2. 此处首先回顾文献 [82] 中随机卷积的定义.

定义 2.2.1　设 $R \geqslant 2$ 为正整数, 并且假设 $D(1), D(2), \cdots, D(N)$ 为包含于 $\mathbb{Z}$ 的具有相同势的有限数字集, 并且满足 $0 \in D(i)$ 且 $\#D(i) \leqslant R$ 对任意的 $i = 1, 2, \cdots, N$ 成立. 若存在一个有限数字集 $C \subseteq \mathbb{Z}$, 使得 $0 \in C$ 且对于上述所有的 i 均有 $(R^{-1}D(i), C)$ 构成一个相容对. 由离散测度生成的随机卷积为

$$\mu_{R,X} := \delta_{R^{-1}D(X(1))} * \delta_{R^{-2}D(X(2))} * \cdots * \delta_{R^{-n}D(X(n))} * \cdots, \qquad (2.2.1)$$

其中 $X : \mathbb{N} \to \{1, 2, \cdots, N\}$ 是一个映射.

特别地, 若存在 $D \subseteq \mathbb{Z}$, 使得 $D(i) = D$ 对于所有的 $i = 1, 2, \cdots, N$ 成立, 则测度 $\mu_{R,X}$ 恰好是由压缩映射 $\{R^{-1}(x + d) : d \in D\}$ 和等权重概率向量生成的自仿测度 $\mu_{R,D}$. 由定理 1.4.3 和定理 1.4.4 可知, 相容对条件可保证等权重概率向量生成的自仿测度是谱测度. 但对于上述随机卷积而言, 只有相容对条件无法保证其谱性, 详见文献 [27] 和 [82]. 特别地, 文献 [27] 中的主要结果陈述如下.

定理 2.2.1　设 $R \geqslant 2$ 为正整数, 数字集 $C \subseteq \mathbb{N}_+$ 满足 $C + C \subseteq \{0, 1, \cdots, R - 1\}$, 并且 $(R^{-1}D(i), C)$ 对于所有的 $i = 1, 2, \cdots, N$ 构成一个相容对, 则测度 $\mu_{R,X}$ 为一个谱测度.

计算可得测度 $\mu_{R,X}$ 的傅里叶变换为

$$\widehat{\mu}_{R,X}(\xi) = \prod_{j=1}^{\infty} \widehat{\delta}_{R^{-j}D(X(j))}(\xi) \qquad (\xi \in \mathbb{R}). \qquad (2.2.2)$$

本节的一个主要任务是寻求其他条件来保证随机卷积为谱测度. 基于该目的, 首先通过调整文献 [22] 中构造谱式 (1.4.2) 的方式给出新的候选谱. 具体地, 对于任意的无穷词 $w = w_0 w_1 w_2 \cdots \in \{-1, 1\}^{\mathbb{N}}$, 定义

$$\Lambda_w(R, C) = \left\{ \sum_{j=0}^{m} w_j R^j c_j : w_j \in \{-1, 1\}, \ c_j \in C, \ m \in \mathbb{N} \right\}. \qquad (2.2.3)$$

若无穷词是 $w = 111 \cdots \in \{-1, 1\}^{\mathbb{N}}$ 或者数字集 C 是对称的, 即 $C = -C$, 此时集合 $\Lambda_w(R, C)$ 为

$$\Lambda(R, C) = \left\{ \sum_{j=0}^{m} R^j c_j : c_j \in C, \ 0 \leqslant j \leqslant m, \ m \in \mathbb{N} \right\}. \qquad (2.2.4)$$

接下来将研究在什么条件下, 集合 $\Lambda_w(R, C)$ 会成为测度 $\mu_{R,X}$ 的谱. 首先解决如下正交性问题.

引理 2.2.1 假设 $R \geqslant 2$ 为正整数, 并且设 $D(1), D(2), \cdots, D(N)$ 为包含于 $\mathbb{Z}$ 的具有相同势的有限数字集. 假设存在有限数字集 $C \subseteq \mathbb{Z}$, 使得 $0 \in C$ 且 $(R^{-1}D(i), C)$ 均构成相容对. 那么对于任意的无穷词 $w = w_0 w_1 w_2 \cdots \in \{-1, 1\}^{\mathbb{N}}$, 集合 $\Lambda_w(R, C)$ 构成测度 $\mu_{R,X}$ 的规范正交集.

证明 固定映射 $X : \mathbb{N} \to \{1, 2, \cdots, N\}$ 及无穷词 $w = w_0 w_1 w_2 \cdots \in \{-1, 1\}^{\mathbb{N}}$. 对于每一个 $k \in \mathbb{N}$, 定义

$$\mu_k = \delta_{R^{-1}D(X(1))} * \delta_{R^{-2}D(X(2))} * \cdots * \delta_{R^{-k}D(X(k))},$$

$$\Lambda_k^w = w_0 C + w_1 R C + \cdots + w_{k-1} R^{k-1} C.$$

由相容对的性质 (命题 1.4.1 (i) 和命题 1.4.1 (iv)), 可验证测度 μ_k 是一个谱测度且 Λ_k^w 是它的一个谱, 这蕴含着 $\Lambda_k^w \setminus \{0\} \subseteq \mathcal{Z}(\widehat{\mu}_k)$. 由式 (2.2.2) 可得

$$\widehat{\mu}_{R,X}(\xi) = \widehat{\mu}_k(\xi) \prod_{j=k+1}^{\infty} \widehat{\delta}_{R^{-j}D(X(j))}(\xi).$$

结合关系式 $\Lambda_w(R, C) = \bigcup_{k=1}^{\infty} \Lambda_k^w$, 可知对于不同的元素 $\lambda, \lambda' \in \Lambda_w(R, C)$, 存在正整数 $k \in \mathbb{N}_+$ 使得

$$\lambda - \lambda' \in \Lambda_k \setminus \{0\} \subseteq \mathcal{Z}(\widehat{\mu}_k) \subseteq \mathcal{Z}(\widehat{\mu}_{R,X}).$$

根据命题 1.2.2, 集合 $\Lambda_w(R,C)$ 构成测度 $\mu_{R,X}$ 的一个正交集. □

下述定理完成了对文献 [23] 的主要结果和文献 [24] 中定理 2.8 的推广.

定理 2.2.2　假设 $R \geqslant 2$ 为正整数, $D(1), D(2), \cdots, D(N)$ 为包含于 $\mathbb{Z}$ 的具有相同势的有限数字集, $0 \in C$ 且 $C \subset \mathbb{Z}$ 为一个有限数字集, 使得 $(R^{-1}D(i), C)$ 构成一个相容对. 若 $\mathcal{Z}(\widehat{\delta}_{R^{-1}D(i)}) \cap T(R, C \cup (-C)) = \varnothing$ 对于所有的 $i = 1, 2, \cdots, N$ 均成立, 则对于所有的 $X : \mathbb{N} \to \{1, 2, \cdots, N\}$ 及 $w \in \{-1, 1\}^{\mathbb{N}}$, $(\mu_{R,X}, \Lambda_w(R,C))$ 均构成一个谱对.

证明　该证明本质上采用了文献 [24] 中定理 2.8 的证明思想. 首先由命题 1.3.1 可知条件 $\mathcal{Z}(\widehat{\delta}_{R^{-1}D(i)}) \cap T(R, C \cup (-C)) = \varnothing$ 等价于

$$\mathcal{Z}(\widehat{\mu}_{R,D(i)}) \cap T(R, C \cup (-C)) = \varnothing \qquad (i = 1, 2, \cdots, N).$$

因为 $\mathcal{Z}(\widehat{\mu}_{R,D(i)})$ 是一个闭集, 集合 $T(R, C \cup (-C))$ 是一个紧集, 那么存在一个正常数 $\delta > 0$ 使得

$$d(\mathcal{Z}(\widehat{\mu}_{R,D(i)}), T(R, C \cup (-C))) > \delta$$

对于所有的 $1 \leqslant i \leqslant N$ 成立. 因此, 存在一个正常数 $\varepsilon > 0$ 使得

$$|\widehat{\mu}_{R,D(i)}(\xi)|^2 > \varepsilon \tag{2.2.5}$$

对于所有的

$$\xi \in \{x \in \mathbb{R} : d(x, T(R, C \cup (-C))) \leqslant \delta/2\}$$

成立. 此处, $d(\cdot, \cdot)$ 表示 $\mathbb{R}$ 上的欧氏距离.

固定映射 $X : \mathbb{N} \to \{1, 2, \cdots, N\}$ 及一个无穷词 $w = w_0 w_1 w_2 \cdots \in \{-1, 1\}^{\mathbb{N}}$. 定义 μ_k, Λ_k^w 如引理 2.2.1 所述. 故

$$\sum_{\lambda \in \Lambda_k^w} |\widehat{\mu}_k(\xi + \lambda)|^2 = 1 \quad \text{且} \quad \sum_{\lambda \in \Lambda_w(R,C)} |\widehat{\mu}_X(\xi + \lambda)|^2 \leqslant 1 \qquad (\xi \in \mathbb{R}). \tag{2.2.6}$$

固定 $\xi \in (-1, 1)$, 定义

$$f_k(\lambda) = \begin{cases} |\widehat{\mu}_k(\xi + \lambda)|^2, & \lambda \in \Lambda_k^w; \\ 0, & \text{其他}, \end{cases} \qquad f(\lambda) = \begin{cases} |\widehat{\mu}_{R,X}(\xi + \lambda)|^2, & \lambda \in \Lambda_w(R,C); \\ 0, & \text{其他}. \end{cases}$$

则 $\lim\limits_{k\to\infty} f_k(\lambda) = f(\lambda)$ 对于所有的 $\lambda \in \Lambda_w(R,C)$ 成立. 利用式 (2.2.2)、式 (1.3.5) 以及关系式 $|\widehat{\delta}_D(\xi)| \leqslant 1$ ($\xi \in \mathbb{R}$), 得到

$$|\widehat{\mu}_{R,X}(\xi+\lambda)|^2 = |\widehat{\mu}_k(\xi+\lambda)|^2 \prod_{j=1}^{\infty} \left|\widehat{\delta}_{R^{-(k+j)}D(X(k+j))}(\xi+\lambda)\right|^2$$

$$= |\widehat{\mu}_k(\xi+\lambda)|^2 \prod_{j=1}^{\infty} \left|\widehat{\delta}_{R^{-j}D(X(k+j))}(R^{-k}(\xi+\lambda))\right|^2$$

$$\geqslant |\widehat{\mu}_k(\xi+\lambda)|^2 \prod_{i=1}^{N} \prod_{j=1}^{\infty} \left|\widehat{\delta}_{R^{-j}D(i)}(R^{-k}(\xi+\lambda))\right|^2$$

$$= |\widehat{\mu}_k(\xi+\lambda)|^2 \prod_{i=1}^{N} \left|\widehat{\mu}_{R,D(i)}(R^{-k}(\xi+\lambda))\right|^2. \tag{2.2.7}$$

若 $\lambda \in \Lambda_k^w$, 则

$$R^{-k}\lambda \in w_{k-1}R^{-1}C + \cdots + w_1 R^{-(k-1)}C + w_0 R^{-k}C \subseteq T(R, C \cup (-C)).$$

因为 $R \geqslant 2$, 可选取 k 充分大使得 $|R^{-k}\xi| < \delta/2$ 对于所有的 $\xi \in (-1,1)$ 成立. 此时, 利用式 (2.2.5) 和式 (2.2.7), 可以得到

$$f(\lambda) \geqslant f_k(\lambda)\varepsilon^N$$

对于所有的 $\lambda \in \Lambda_k^w$ 成立. 此时, 由式 (2.2.6) 得

$$\sum_{\lambda \in \Lambda_w(R,C)} \varepsilon^{-N} f(\lambda) \leqslant \varepsilon^{-N} < \infty,$$

故对 $\{f_k\}_{k=1}^{\infty}$ 采用 Lebesgue 控制收敛定理, 得到

$$\sum_{\lambda \in \Lambda_w(R,C)} |\widehat{\mu}_{R,X}(\xi+\lambda)|^2 = 1 \qquad (\xi \in (-1,1)).$$

根据定理 1.2.1, $(\mu_{R,X}, \Lambda_w(R,C))$ 是一个谱对. 这就完成了该证明. $\qquad\square$

下述结果为定理 2.2.2 的直接结论.

定理 2.2.3 假设 $R \geqslant 2$ 为正整数, D, C 为 $\mathbb{Z}$ 的两个有限子集, 使得 $0 \in C$ 并且 $(R^{-1}D, C)$ 构成一个相容对. 若 $\mathcal{Z}(\widehat{\delta}_{R^{-1}D}) \cap T(R, C \cup (-C)) = \varnothing$, 则 $\mu_{R,D}$ 是

一个谱测度, 并且式 (2.2.3) 的集合 $\Lambda_w(R,C)$ 均是谱测度 $\mu_{R,D}$ 的谱, 其中 w 为 $\{-1,1\}^{\mathbb{N}}$ 中的任意无穷词.

固定正整数 $K \in \mathbb{N}_+$ 以及任意的有限词 $w = w_0 w_1 \cdots w_{K-1} \in \{-1,1\}^K$, 定义

$$\mathcal{C}_K^w = w_0 C + w_1 RC + \cdots + w_{K-1} R^{K-1} C. \tag{2.2.8}$$

则 $\Lambda(R^K, \mathcal{C}_K^w)$ 为点 0 在迭代函数系统 $\{R^K(x+c) : c \in \mathcal{C}_K^w\}$ 下的扩张轨道, 即

$$\Lambda(R^K, \mathcal{C}_K^w) = \left\{ \sum_{j=0}^m R^{jK} c_j : c_j \in \mathcal{C}_K^w, \ 0 \leqslant j \leqslant m, \ m \in \mathbb{N} \right\}. \tag{2.2.9}$$

由引理 2.2.1 可知, 式 (2.2.1) 中的集合 $\Lambda(R^K, \mathcal{C}_K^w)$ 构成测度 $\mu_{R,X}$ 的正交集, 这等价于

$$\sum_{\gamma \in \Lambda(R^K, \mathcal{C}_K^w)} |\widehat{\mu}_X(\xi + \gamma)|^2 \leqslant 1 \qquad (\xi \in \mathbb{R}).$$

如下定理给出一个充分条件保证 $E(\Lambda(R^K, \mathcal{C}_K^w))$ 在 Hilbert 空间 $L^2(\mu_{R,X})$ 中完备.

定理 2.2.4　假设 $R \geqslant 2$ 为正整数, $D(1), D(2), \cdots, D(N)$ 为包含于 $\mathbb{Z}$ 的具有相同势的有限数字集, $C \subset \mathbb{Z}$ 为一个有限子集, 使得 $0 \in C$ 且 $(R^{-1}D(i), C)$ 构成一个相容对, 并且 $\mathcal{Z}(\widehat{\mu}_{R,D(i)}) \cap T(R^K, \mathcal{C}_K^w) = \varnothing$ 对于所有的 $i = 1, 2, \cdots, N$ 成立, 则对于所有的 $X : \mathbb{N} \to \{1, 2, \cdots, N\}$, 测度 $\mu_{R,X}$ 是一个谱测度, 且如式 (2.2.9) 所示的集合 $\Lambda(R^K, \mathcal{C}_K^w)$ 均为其谱.

证明　对于任意的正整数 $k \in \mathbb{N}_+$, 令 $\widetilde{\mathcal{D}}_k = \sum_{j=0}^{K-1} R^j D(X(kK-j))$. 由命题 1.4.1, 可验证对于所有的 $k \in \mathbb{N}_+$, $(R^{-K}\widetilde{\mathcal{D}}_k, \mathcal{C}_K^w)$ 构成相容对. 进一步, 测度 $\mu_{R,X}$ 可表达为

$$\mu_{R,X} = \delta_{R^{-K}\widetilde{\mathcal{D}}_1} * \delta_{R^{-2K}\widetilde{\mathcal{D}}_2} * \cdots * \delta_{R^{-kK}\widetilde{\mathcal{D}}_k} * \prod_{j=1}^{\infty} \delta_{R^{-(kK+j)}D(X(kK+j))}. \tag{2.2.10}$$

对于任意的 $k \in \mathbb{N}$, 定义

$$\nu_k := \delta_{R^{-K}\widetilde{\mathcal{D}}_1} * \delta_{R^{-2K}\widetilde{\mathcal{D}}_2} * \cdots * \delta_{R^{-kK}\widetilde{\mathcal{D}}_k},$$

$$\Gamma_k := \mathcal{C}_K^w + R^K \mathcal{C}_K^w + \cdots + R^{(k-1)K} \mathcal{C}_K^w.$$

根据命题 1.4.1 (i) 和命题 1.4.1(iv), Γ_k 为测度 ν_k 的谱, 即

$$\sum_{\gamma \in \Gamma_k} |\widehat{\nu}_k(\xi + \gamma)|^2 = 1 \qquad (\xi \in \mathbb{R}).$$

另外, 由式 (2.2.2) 和式 (2.2.10) 得到

$$|\widehat{\mu}_{R,X}(\xi + \gamma)|^2 = |\widehat{\nu}_k(\xi + \gamma)|^2 \prod_{j=1}^{\infty} \left| \widehat{\delta}_{R^{-(kK+j)} D(X(kK+j))}(\xi + \gamma) \right|^2$$

$$= |\widehat{\nu}_k(\xi + \gamma)|^2 \prod_{j=1}^{\infty} \left| \widehat{\delta}_{R^{-j} D(X(kK+j))}(R^{-kK}(\xi + \gamma)) \right|^2$$

$$\geqslant |\widehat{\nu}_k(\xi + \gamma)|^2 \prod_{i=1}^{N} \left| \widehat{\mu}_{R,D(i)}(R^{-kK}(\xi + \gamma)) \right|^2.$$

根据定理 2.2.2 中的证明思想, 为了应用 Lebesgue 控制收敛定理, 只需要寻找一个正下界 $\eta > 0$ 使得

$$\prod_{i=1}^{N} \left| \widehat{\mu}_{R,D(i)}(R^{-kK}(\xi + \gamma)) \right|^2 > \eta \qquad (\gamma \in \Gamma_k) \qquad (2.2.11)$$

对于充分大的 k 以及充分小的 ξ 成立.

事实上, 因为 $\mathcal{Z}(\widehat{\mu}_{R,D(i)}) \cap T(R^K, \mathcal{C}_K^w) = \varnothing$, 那么存在公共正常数 ε, δ 使得 $d(\mathcal{Z}(\widehat{\mu}_{R,D(i)}), T(R^K, \mathcal{C}_K^w)) > \delta$ 蕴含

$$|\widehat{\mu}_{R,D(i)}(t)|^2 > \varepsilon \qquad (2.2.12)$$

对于所有的 $i = 1, 2, \cdots, N$ 和 $t \in \{x \in \mathbb{R} : d(x, T(R^K, \mathcal{C}_K^w)) \leqslant \delta/2\}$ 均成立.

注意到 $\gamma \in \Gamma_k$ 意味着

$$R^{-kK} \gamma \in R^{-kK} \mathcal{C}_K^w + R^{-(k-1)K} \mathcal{C}_K^w + \cdots + R^{-K} \mathcal{C}_K^w$$

$$\subseteq T(R^K, \mathcal{C}_K^w). \qquad (2.2.13)$$

因此, 选取 K_0 充分大, 使得 $k \geqslant K_0$ 蕴含着 $|R^{-kK}\xi| < \delta/2$ 对于所有的 $\xi \in (-1,1)$ 成立. 由式 (2.2.12) 和式 (2.2.13) 可得, 式 (2.2.11) 对于所有的 $\xi \in (-1,1)$ 和 $\eta := \varepsilon^N$ 均成立. 由定理 1.2.1, 集合 $\Lambda(R^K, \mathcal{C}_K^w)$ 构成测度 $\mu_{R,X}$ 的谱. $\qquad\square$

作为定理 2.2.4 的结果, 我们有如下结论.

定理 2.2.5 假设 $R \geqslant 2$ 为正整数, D, C 为 $\mathbb{Z}$ 的两个有限子集, 使得 $0 \in C$ 并且 $(R^{-1}D, C)$ 构成一个相容对. 假设 $\mathcal{Z}(\widehat{\mu}_{R,D}) \cap T(R^K, \mathcal{C}_K^w) = \varnothing$, 则测度 $\mu_{R,D}$ 是一个谱测度, 并且式 (2.2.9) 的集合 $\Lambda(R^K, \mathcal{C}_K^w)$ 均为它的谱.

作为定理 2.2.5 的一个特例, 可得 Strichartz [23] 的如下一维经典结果.

推论 2.2.1 设 $R \geqslant 2$ 为正整数, 并且假设 D, C 为 $\mathbb{Z}$ 的两个有限子集, 使得 $0 \in C$ 并且 $(R^{-1}D, C)$ 构成一个相容对. 假设 $\mathcal{Z}(\widehat{\delta}_{R^{-1}D}) \cap T(R,C) = \varnothing$, 则 $(\mu_{R,D}, \Lambda(R,C))$ 是一个谱对.

本节最后给出一些比较简单的例子来解释定理 2.2.2 和定理 2.2.3. 值得一提的是, 定理 2.2.1 并不能覆盖例 2.2.1. 另外, 例 2.2.3 为连续型 Cantor 测度提供了一些新的谱, 本书第 3 章将深入刻画该谱测度的谱.

例 2.2.1 设 $R = 3k$, 其中 $k \in \mathbb{N}$ 且 $k \geqslant 2$. 设 $D_i = \{0, a_i, b_i\}$ 为 $\mathbb{Z}$ 中的有限数字集, 使得 $\gcd(D(i)) = 1$ 并且 $\{a_i, b_i\} \equiv \{1, 2\}(\mathrm{mod}\ 3)$ 对于所有的 $i = 1, 2, \cdots, N$ 均成立, 则对于每一个映射 $X : \mathbb{N} \to \{1, 2, \cdots, N\}$ 均有测度 $\mu_{R,X}$ (如式 (2.2.1)) 为谱测度, 其谱为 $\Lambda_w(R, C)$ (如式 (2.2.3)), 其中 $w \in \{-1, 1\}^{\mathbb{N}}$ 且 $C = \{0, k, 2k\}$.

证明 根据相容对的性质 (命题 1.4.1), 容易检验得出对于所有的 $1 \leqslant i \leqslant N$ 均有 $(R^{-1}D_i, C)$ 构成一个相容对. 根据定理 2.2.2, 只需要证明如下条件

$$\mathcal{Z}(\widehat{\delta}_{(3k)^{-1}D(i)}) \cap T(3k, C \cup (-C)) = \varnothing, \qquad (i = 1, 2, \cdots, N). \qquad (2.2.14)$$

事实上, 计算可得

$$\mathcal{Z}(\widehat{\delta}_{(3k)^{-1}D(i)}) = k(\pm 1 + \mathbb{Z}), \qquad (i = 1, 2, \cdots, N),$$

和

$$T(3k, C \cup (-C)) = \left\{ \sum_{j=1}^{\infty} (3k)^{-j} c_j : c_j \in C \right\} \subseteq \left[-\frac{2k}{3k-1}, \frac{2k}{3k-1} \right] \subseteq [-1, 1].$$

显然式 (2.2.14) 得以验证, 命题得证. □

例 2.2.2 假设 $R = 8$, $D(1) = \{0, 1, 2, 3\}$, $D(2) = \{0, 1, 2, -1\}$, 则任意的映射 $X : \mathbb{N} \to \{1, 2\}$ 所对应的测度 $\mu_{R,X}$ (如式 (2.2.1)) 是一个谱测度, 其谱为

$$\Lambda_w(R, C) = \left\{ \sum_{j=0}^{m} w_j 8^j c_j : w_j \in \{-1, 1\}, c_j \in C, m \in \mathbb{N} \right\},$$

其中, $w = w_0 w_1 w_2 \cdots \in \{-1, 1\}^{\mathbb{N}}$ 为任意无穷词, 并且 $C = \{0, 2, 4, 6\}$.

证明 注意到式 (1.4.1) 中的矩阵

$$H_{8^{-1}D(j),C} := \frac{1}{\sqrt{4}} \begin{bmatrix} 1 & 1 & 1 & 1 \\ 1 & i & -1 & -i \\ 1 & -1 & 1 & -1 \\ 1 & -i & -1 & i \end{bmatrix}$$

是一个酉矩阵, 其中 $i = \sqrt{-1}$, 则 $(8^{-1}D(j), C)$ 对于 $j = 1, 2$ 均构成相容对.

另外, 计算可得

$$T(8, C \cup (-C)) = \left\{ \sum_{j=1}^{\infty} 8^{-j} c_j : c_j \in C \cup (-C) \right\} \subseteq \left[-\frac{6}{7}, \frac{6}{7} \right],$$

和

$$\mathcal{Z}(\widehat{\delta}_{8^{-1}D(j)}) = 8\mathbb{Z} + \{2, 4, 6\}.$$

因此, 有如下结论

$$\mathcal{Z}(\widehat{\delta}_{8^{-1}D(j)}) \cap T(8, C \cup (-C)) = \varnothing, \qquad (j = 1, 2)$$

成立. 根据定理 2.2.2 可得结论. □

例 2.2.3　设 $R = qr$ 为一个正整数, $q, r \geqslant 2$, $D = \{0, 1, \cdots, q - 1\}$, 则测度 $\mu_{R,D}$ 是一个谱测度, 其谱为

$$\Lambda_w(R, C) = \left\{ \sum_{j=0}^{m} w_j R^j c_j : w_j \in \{-1, 1\}, c_j \in C, m \in \mathbb{N} \right\},$$

其中, $w = w_0 w_1 w_2 \cdots \in \{-1, 1\}^{\mathbb{N}}$ 为任意的无穷词, 并且 $C = rD$.

证明　易验证式 (1.4.1) 中矩阵

$$H_{R^{-1}D(i),C} := \left[\frac{1}{\sqrt{q}} e^{2\pi i \frac{jk}{R}} \right]_{j \in D, k \in C} = \left[\frac{1}{\sqrt{q}} e^{2\pi i \frac{jk}{q}} \right]_{j,k \in D}$$

为酉矩阵. 因此 $(R^{-1}D, C)$ 构成一个相容对.

另外, 计算可得

$$\widehat{\delta}_{R^{-1}D}(\xi) = 0 \qquad \Leftrightarrow \qquad \xi \in r(q\mathbb{Z} + \{1, 2, \cdots, q - 1\}),$$

且

$$T(R, C \cup (-C)) = \left\{ \sum_{j=1}^{\infty} R^{-j} c_j : c_j \in C \right\} \subseteq \left[-\frac{R - r}{R - 1}, \frac{R - r}{R - 1} \right] \subseteq [-1, 1].$$

则 $\mathcal{Z}(\widehat{\delta}_{R^{-1}D}) \cap T(R, C \cup (-C)) = \varnothing$ 成立. 故定理 2.2.3 蕴含该结果成立. □

2.3　定理 2.1.3 的证明

当定理 2.1.3 中取 $k = 1$ 时, 伯努利卷积测度 μ_2 是支撑在闭区间 $[-1, 1]$ 上的 Lebesgue 测度; 此时, $\Lambda = \frac{1}{2}\mathbb{Z}$ 是 μ_2 的包含原点 0 的唯一谱, 故 $p = 1$ 是 μ_2 的唯一谱特征值. 另外, 当 $k \neq 1$ 时, 根据式 (1.3.5), 简单计算可得伯努利卷积 μ_{2k} 的傅里叶变换为

$$\widehat{\mu}_{2k}(\xi) = \prod_{j=1}^{\infty} \cos\left(\frac{2\pi\xi}{(2k)^j} \right) \qquad (\xi \in \mathbb{R}). \tag{2.3.1}$$

显然有

$$|\widehat{\mu}_{-2k}(\xi)| = |\widehat{\mu}_{2k}(-\xi)| = |\widehat{\mu}_{2k}(\xi)| \quad (\xi \in \mathbb{R}).$$

根据定理 1.2.1, (μ_{2k}, Λ) 是一个谱对, 当且仅当 (μ_{-2k}, Λ) 是一个谱对, 即测度 μ_{-2k} 和 μ_{2k} 具有完全相同的谱性. 因此, 只需证明当整数 $k > 1$ 时定理 2.1.3 成立即可.

需要特别指出的是, 测度 μ_{2k} 的傅里叶变换 $\widehat{\mu}_{2k}$ 的零点集 $\mathcal{Z}(\widehat{\mu}_{2k})$ 在定理 2.1.3 的必要性证明中起到至关重要的作用. 根据式 (2.3.1), 计算可得

$$\mathcal{Z}(\widehat{\mu}_{2k}) = \bigcup_{j=0}^{\infty} (2k)^j \frac{k}{2}(2\mathbb{Z}+1). \tag{2.3.2}$$

定理 2.1.3 的必要性证明 假设 p 是 μ_{2k} 的一个谱特征值, 则存在离散集合 Λ, 使得 $0 \in \Lambda$ 并且 Λ 和 $p\Lambda$ 均构成 μ_{2k} 的谱. 根据 $\Lambda, p\Lambda$ 的正交性质和式 (2.3.2),

$$\Lambda, p\Lambda \subseteq \{0\} \cup \mathcal{Z}(\widehat{\mu}_{2k}) = \{0\} \cup \bigcup_{j=0}^{\infty} (2k)^j \frac{k}{2}(2\mathbb{Z}+1). \tag{2.3.3}$$

所以 p 是一个有理数. 假设

$$p = \frac{p_1}{p_2}, \qquad \text{其中} \quad p_1, p_2 \in \mathbb{Z} \setminus \{0\}, \quad \gcd(p_1, p_2) = 1.$$

令 $\Lambda_1 = \frac{k}{2}(2\mathbb{Z}+1)$. 下证 $\Lambda \cap \Lambda_1 \neq \varnothing$. 事实上, 若 $\Lambda \cap \Lambda_1 = \varnothing$, 则根据 Λ 的正交性质和式 (2.3.2) 可得

$$\Lambda - \Lambda \subseteq \{0\} \cup \bigcup_{j=0}^{\infty} (2k)^j \frac{k}{2}(2\mathbb{Z}+1).$$

这意味着 Λ 是下述测度

$$\nu = \delta_{(2k)^{-2}D} * \delta_{(2k)^{-3}D} * \cdots$$

的正交集, 其中 $\mu_{2k} = \delta_{(2k)^{-1}D} * \nu$. 根据引理 1.2.2, Λ 不是 μ_{2k} 的谱, 矛盾. 类似地, 可证 $p\Lambda \cap \Lambda_1 \neq \varnothing$. 概述之, 得到

$$\Lambda_1 \cap \Lambda \neq \varnothing \quad \text{且} \quad \Lambda_1 \cap p\Lambda \neq \varnothing. \tag{2.3.4}$$

当 p_1 是偶数、p_2 是奇数时, 可证 $\Lambda_1 \cap p\Lambda = \varnothing$, 这与式 (2.3.4) 矛盾. 事实上, 如果 $\Lambda_1 \cap p\Lambda \neq \varnothing$, 根据式 (2.3.3), 存在正整数 $j \geqslant 0$ 和 $a \in 2\mathbb{Z}+1$ 使得

$$p(2k)^j \frac{k}{2} a \in \frac{k}{2}(2\mathbb{Z}+1) \quad \Leftrightarrow \quad \frac{p_1}{p_2}(2k)^j a \in 2\mathbb{Z}+1.$$

这与 p_1, p_2 和 a 的选取矛盾.

当 p_1 是奇数、p_2 是偶数时, 下证: 若 $\lambda \in \Lambda_1 \cap \Lambda$, 则 $p\lambda \notin \mathcal{Z}(\widehat{\mu_{2k}})$. 这意味着 $p\Lambda$ 不是谱测度 μ_{2k} 的谱, 矛盾. 事实上, 如果存在 $\lambda \in \Lambda_1 \cap \Lambda$ 使得 $p\lambda \in \mathcal{Z}(\widehat{\mu_{2k}})$, 则存在 $a \in 2\mathbb{Z} + 1$ 和整数 $j \geqslant 0$ 使得

$$p\frac{k}{2}a \in (2k)^j \frac{k}{2}(2\mathbb{Z}+1) \quad \Leftrightarrow \quad \frac{p_1}{p_2}a \in (2k)^j(2\mathbb{Z}+1).$$

这也与 p_1, p_2 和 a 的选取矛盾.

上述讨论意味着 p_1 和 p_2 必须同时为奇数, 这就完成了证明. $\qquad\square$

接下来本节将致力于证明定理 2.1.3 的充分性. 为此, 首先证明所有的奇数均为伯努利卷积测度 μ_{2k} $(k > 1)$ 的谱特征值. 即如下定理 2.3.1.

定理 2.3.1　假设 $1 < k$ 且 $k \in 2\mathbb{N}$, 则任意奇数 $p \in 2\mathbb{Z} + 1$ 均是 μ_{2k} 的一个谱特征值, 即存在离散集 Λ 使得 Λ 和 $p\Lambda$ 均构成 μ_{2k} 的谱.

为了构造定理 2.3.1 中所需要的离散集 Λ, 一个自然的想法是扩大形如式 (2.1.2) 中典范谱的选取范围. 如 2.2 节, 本节的典范谱可以从如下集合中选取:

$$\Lambda_w(2k, C) = \left\{ \sum_{j=0}^{m} w_j(2k)^j c_j : w_j \in \{-1, 1\}, \ c_j \in C, \ m \in \mathbb{N} \right\}, \tag{2.3.5}$$

其中, $w = w_0 w_1 w_2 \cdots \in \{-1, 1\}^{\mathbb{N}}$, $C = \left\{ 0, \dfrac{k}{2} \right\}$.

因此, 为了证明定理 2.3.1, 只需要证明如下定理.

定理 2.3.2　假设 $1 < k$ 且 $k \in 2\mathbb{N}$. 若 $p \in 2\mathbb{Z} + 1$, 则存在一个无穷词 $w = w_0 w_1 w_2 \cdots \in \{-1, 1\}^{\mathbb{N}}$, 使得集合 $\Lambda_w(2k, C)$ 和 $\Lambda_w(2k, pC)$ 均是 μ_{2k} 的谱.

注意到当 k 是奇数时, 集合 $C = \left\{ 0, \dfrac{k}{2} \right\}$ 并不是一个整数集合. 但是, 2.2 节中构造谱的方法对于所有测度 μ_{2k} 仍然成立. 该结论源自于如下三个基本事实. 通过定义 $D = \{-1, 1\}$, $D' = \{0, 1\}$ 和 $C' = \{0, k\}$, 则有:

(1) $((2k)^{-1}D, C)$ 是相容对, 当且仅当 $((2k)^{-1}D', C')$ 是相容对;

(2) $\mathcal{Z}(\widehat{\delta}_{(2k)^{-1}D}) \cap T(2k, C \cup (-C))$ 是空集, 当且仅当 $\mathcal{Z}(\widehat{\delta}_{(2k)^{-1}D'}) \cap T(2k, C' \cup (-C'))$ 是空集;

(3) $(\mu_{2k}, \Lambda_w(2k, C))$ 是谱对, 当且仅当 $(\mu_{2k, D'}, \Lambda_w(2k, C'))$ 是谱对.

上述结论 (1) 和 (2) 很容易得到验证. 下面仅需对结论 (3) 给出证明. 根据式 (1.3.5) 和 μ_{2k} 的定义, 得到

$$|\widehat{\mu}_{2k}(\xi)| = |\widehat{\mu}_{2k,D'}(2\xi)|, \qquad (\xi \in \mathbb{R}).$$

这意味着

$$\sum_{\lambda \in \Lambda_w(2k,C)} |\widehat{\mu}_{2k}(\xi + \lambda)|^2 = \sum_{\lambda \in \Lambda_w(2k,C)} |\widehat{\mu}_{2k,D'}(2\xi + 2\lambda)|^2$$

$$= \sum_{\lambda \in \Lambda_w(2k,C')} |\widehat{\mu}_{2k,D'}(2\xi + \lambda)|^2, \qquad (\xi \in \mathbb{R}).$$

根据定理 1.2.1, 得到结论 (3).

为了完成定理 2.3.2 的证明, 需要先证明如下结论: 若 $p \in 2\mathbb{Z}+1$, 则对于任意的无穷词 $w = w_0 w_1 w_2 \cdots \in \{-1,1\}^{\mathbb{N}}$, 均有集合 $E(\Lambda_w(2k, pC)) = pE(\Lambda_w(2k, C))$ 构成 Hilbert 空间 $L^2(\mu_{2k})$ 的规范正交集. 该结论可以利用相容对性质直接验证. 为了一般性, 本节首先考虑当 p 为整数时, 集合 $E(\Lambda_w(2k, pC)$ 在 Hilbert 空间 $L^2(\mu_{2k})$ 中的正交性质.

命题 2.3.1 假设 p 是一个整数, $w = w_0 w_1 w_2 \cdots \in \{-1,1\}^{\mathbb{N}}$ 是一个无穷词, 则如下两条结论等价:

(i) $\Lambda_w(2k, pC)$ 构成测度 μ_{2k} 的一个无穷正交集;

(ii) 存在非负整数 $j \in \mathbb{N}$ 和 $p' \in 2\mathbb{Z}+1$ 使得 $p = (2k)^j p'$.

证明 根据式 (2.3.2) 和 $\Lambda_w(2k, C)$ 的定义, 得到

$$\mathcal{Z}(\widehat{\mu}_{2k}) = \bigcup_{j=0}^{\infty} (2k)^j \frac{k}{2} (2\mathbb{Z}+1) \quad \text{且} \quad \Lambda_w(2k, C) \subseteq \frac{k}{2}\mathbb{Z}. \tag{2.3.6}$$

(i) $\Rightarrow$ (ii). 易知 $\Lambda_w(2k, pC)$ 构成测度 μ_{2k} 的一个无穷正交集, 当且仅当

$$\Lambda_w(2k, pC) - \Lambda_w(2k, pC) \subseteq \mathcal{Z}(\widehat{\mu}_{2k}) \cup \{0\}. \tag{2.3.7}$$

因此, $\Lambda_w(2k, pC) = p\Lambda_w(2k, C) \subseteq \mathcal{Z}(\widehat{\mu}_{2k}) \cup \{0\}$. 因为 p 是一个整数, 结合 $\frac{k}{2} \in \Lambda_w(2k, C)$ 和式 (2.3.6), 可得

$$p \in \bigcup_{j=0}^{\infty} (2k)^j (2\mathbb{Z}+1).$$

因此 (ii) 成立.

(ii) $\Rightarrow$ (i). 根据引理 2.2.1 可得 $\Lambda_w(2k,C) - \Lambda_w(2k,C) \subseteq \mathcal{Z}(\widehat{\mu}_{2k}) \cup \{0\}$. 对于 $w \in \{-1,1\}^{\mathbb{N}}$, 记 $1^j w$ 为 $\{-1,1\}^{\mathbb{N}}$ 中的一个无穷词, 其中 1^j 表示长度为 j 的词其元素均为 1. 因此

$$\Lambda_w(2k,pC) - \Lambda_w(2k,pC) = p'\big[(2k)^j\Lambda_w(2k,C) - (2k)^j\Lambda_w(2k,C)\big]$$

$$\subseteq p'(\Lambda_{1^jw}(2k,C) - \Lambda_{1^jw}(2k,C)) \quad \text{(根据引理 2.2.1)}$$

$$\subseteq p'(\mathcal{Z}(\widehat{\mu}_{2k}) \cup \{0\}) \quad\quad\quad\quad \text{(根据式 (2.3.6))}$$

$$\subseteq \mathcal{Z}(\widehat{\mu}_{2k}) \cup \{0\}.$$

由式 (2.3.7) 可得 (i) . $\qquad\square$

命题 2.3.2　假设 k 是大于 1 的正整数, 则对于任意的无穷词 $w \in \{-1,1\}^{\mathbb{N}}$, 集合 $\Lambda_w(2k,C)$ 均构成伯努利卷积 μ_{2k} 的谱.

证明　根据引理 2.2.1 (或命题 2.3.1), 对于任意的无穷词 $w \in \{-1,1\}^{\mathbb{N}}$, 离散集合 $\Lambda_w(2k,C)$ 均构成 μ_{2k} 的一个正交集. 注意到 $\mathcal{Z}(\widehat{\delta}_{(2k)^{-1}D}) = \dfrac{k}{2}(2\mathbb{Z}+1)$, 并且

$$T(2k,\pm C) = \left\{\sum_{j=1}^{\infty}(2k)^{-j}c_j : c_j \in \left\{0, \pm\frac{k}{2}\right\}\right\} \subseteq \left[-\frac{k}{2}\frac{1}{2k-1}, \frac{k}{2}\frac{1}{2k-1}\right].$$

故条件 $k > 1$ 蕴含如下结论成立

$$\mathcal{Z}(\widehat{\delta}_{(2k)^{-1}D}) \cap T(2k,\pm C) = \varnothing.$$

由定理 2.2.3, 命题得证. $\qquad\square$

依赖于命题 2.3.2, 下将定理 2.3.2 分解为定理 2.3.3 和定理 2.3.4.

定理 2.3.3　设 $C = \left\{0, \dfrac{k}{2}\right\}$ 且 $p \in 2\mathbb{Z}+1$. 若 $\mathcal{Z}(\widehat{\delta}_{(2k)^{-1}D}) \cap T(2k, pC \cup (-pC)) = \varnothing$, 则对于任意的 $w = w_0w_1w_2\cdots \in \{-1,1\}^{\mathbb{N}}$, 集合 $E(\Lambda_w(2k,pC))$ 构成 Hilbert 空间 $L^2(\mu_{2k})$ 的规范正交基.

证明　根据定理 2.2.3, 只需要证明 $((2k)^{-1}D, pC)$ 构成一个相容对. 这是明

显的, 因为式 (1.4.1) 中的矩阵

$$H_{(2k)^{-1}D,pC} = \begin{bmatrix} 1 & -i \\ 1 & i \end{bmatrix} \quad (若 \ p \in 4\mathbb{Z}+1)$$

和

$$H_{(2k)^{-1}D,pC} = \begin{bmatrix} 1 & i \\ 1 & -i \end{bmatrix} \quad (若 \ p \in 4\mathbb{Z}+3)$$

均是酉矩阵. 这就完成了证明. $\qquad\qquad\qquad\qquad\qquad\qquad\square$

定理 2.3.4 设 $C = \left\{ 0, \dfrac{k}{2} \right\}$ 且 $p \in 2\mathbb{Z}+1$. 若 $\mathcal{Z}(\widehat{\delta}_{(2k)^{-1}D}) \cap T(2k, pC \cup (-pC)) \neq \varnothing$, 则存在一个无穷词 $w = w_0 w_1 w_2 \cdots \in \{-1,1\}^{\mathbb{N}}$, 使得集合 $\Lambda_w(2k, pC)$ 构成 Hilbert 空间 $L^2(\mu_{2k})$ 的规范正交基.

在证明定理 2.3.4 前, 首先回顾代换动力系统中的几个常用术语. 设 A 为自然数 $\mathbb{N}$ 中的一个有限数字集. 假设 $A^0 = \{\vartheta\}$, 且对于任意的正整数 $n \in \mathbb{N}_+$, 定义

$$A^n = \{a_1 a_2 \cdots a_n : a_j \in A, j = 1, 2, \cdots, n\}$$

为长度为 n 的有限词全体. 记 $A^* = \bigcup\limits_{n=0}^{\infty} A^n$ 为所有有限词的全体构成的集合, 记 $A^{\mathbb{N}}$ 为无穷词的全体构成的集合, 即

$$A^{\mathbb{N}} = \{a_1 a_2 \cdots : a_j \in A, j \in \mathbb{N}_+\}.$$

对应于正自然数 $\rho \geqslant 2$ 和数字集 A, 存在唯一非空紧集 $T(\rho, A)$ 满足定理 1.3.1. 定义编码映射 $\pi : A^{\mathbb{N}} \to T(\rho, A)$ 如下

$$\pi(a_1 a_2 \cdots) = \sum_{j=1}^{\infty} \rho^{-j} a_j, \qquad (a_j \in A).$$

显然, 映射 π 是满射, 即 $\pi(A^{\mathbb{N}}) = T(\rho, A)$.

定义 2.3.1 采用以上术语, 我们有如下定义.

(i) 称点 x 的 ρ 进制展开式是唯一的, 若映射 π 是单射, 即对于上述的点 $x \in T(\rho, A)$ 存在一个唯一的无穷词 $a_1 a_2 \cdots \in A^{\mathbb{N}}$, 使得 $x = \pi(a_1 a_2 \cdots)$.

(ii) 称点 x 的 ρ 进制展开式是有限的, 若无穷词 $a_1 a_2 \cdots$ 以无穷词 0^∞ 结尾.

(iii) 称点 x 的 ρ 进制展开式是最终周期的 (或周期的), 若无穷词 $a_1 a_2 \cdots$ 是最终周期的 (或周期的), 即存在常数 $m, \ell \in \mathbb{N}$, 使得 $a_{j+\ell} = a_j$ 对于所有的 $j \geqslant m$ 成立 (或 $a_{j+\ell} = a_j$ 对于所有的 $j \in \mathbb{N}$ 成立).

定理 2.3.4 的证明基于下述三个引理.

引理 2.3.1　设 $C = \left\{ 0, \dfrac{k}{2} \right\}$ 且 $p \in 2\mathbb{Z} + 1$, 则紧集 $T(2k, pC \cup (-pC))$ 中的每一个元素 x 均有唯一的 $2k$ 进制展开式.

证明　假设存在 $\{-1, 0, 1\}^{\mathbb{N}}$ 中的两个不同的无穷词 $c_1 c_2 \cdots$ 与 $c'_1 c'_2 \cdots$ 使得

$$x = p\frac{k}{2} \sum_{j=1}^{\infty} \frac{c_j}{(2k)^j}, \qquad x = p\frac{k}{2} \sum_{j=1}^{\infty} \frac{c'_j}{(2k)^j}, \qquad c_j,\, c'_j \in \{-1, 0, 1\}.$$

令 $t \geqslant 1$ 为满足条件 $c_t \neq c'_t$ 的最小整数. 则

$$c_t - c'_t = \sum_{j=t+1}^{\infty} \frac{c'_j - c_j}{(2k)^{j-t}}. \tag{2.3.8}$$

因为式 (2.3.8) 中等号左边的值属于集合 $\{\pm 1, \pm 2\}$, 而等号右边级数的绝对值被数值 $\dfrac{2}{2k-1} (< 1)$ 控制, 矛盾. 命题得证.　$\square$

引理 2.3.2　设 $C = \left\{ 0, \dfrac{k}{2} \right\}$ 且 $p \in 2\mathbb{Z} + 1$, 则每一个有理数 $x \in T(2k, pC \cup (-pC))$ 的 $2k$ 进制展开式一定是最终周期的.

证明　因为每一个元素 $x \in T(2k, pC \cup (-pC))$ 可以被表示为

$$x = p\frac{k}{2} \sum_{j=1}^{\infty} c_j (2k)^{-j}, \qquad c_j \in \{-1, 0, 1\}.$$

所以对于任意的 $m \in \mathbb{N}$, 有

$$(2k)^m x - p\frac{k}{2} c_1 (2k)^{m-1} - \cdots - p\frac{k}{2} c_m = p\frac{k}{2} \sum_{j=1}^{\infty} c_{m+j} (2k)^{-j}. \tag{2.3.9}$$

注意到式 (2.3.9) 等号右边的无穷级数包含于紧集 $T(2k, pC \cup (-pC))$. 所以, 若点 x 是一个有理数, 则存在常数 $m, \ell \in \mathbb{N}$ 使得下述等式成立

$$\sum_{j=1}^{\infty} c_{m+j} (2k)^{-j} = \sum_{j=1}^{\infty} c_{m+\ell+j} (2k)^{-j}.$$

此时, 引理 2.3.1 蕴含着 $c_{m+j} = c_{m+\ell+j}$ 对于所有的 $j \in \mathbb{N}_+$ 均成立, 所以有理数点 x 的 $2k$ 进制展开式是最终周期的. 命题得证. □

引理 2.3.3 设 $C = \left\{0, \dfrac{k}{2}\right\}$ 并且 $p \in 2\mathbb{Z} + 1$. 若 $x \in T(2k, pC \cup (-pC)) \cap \mathcal{Z}(\widehat{\mu}_{2k})$, 则点 x 的 $2k$ 进制展开式不是有限的.

证明 假设 $x \in T(2k, pC \cup (-pC)) \cap \mathcal{Z}(\widehat{\mu}_{2k})$, 则由式 (2.3.2) 可知, 存在常数 $j \in \mathbb{N}$ 和 $p' \in 2\mathbb{Z} + 1$, 使得 $x = (2k)^j \dfrac{k}{2} p'$ 成立. 如下采用反证法进行证明. 假设存在一个正整数 n 和一个有限词 $c_1 c_2 \cdots c_{n-1}$ 满足 $c_1, c_2, \cdots, c_{n-1} \in \{-1, 0, 1\}$, $c_n \in \{-1, 1\}$, 使得

$$x = (2k)^j \frac{k}{2} p' = p \frac{k}{2} \sum_{j=1}^{n} (2k)^{-j} c_j.$$

简单计算可得

$$(2k)^j p' = p \frac{\sum_{j=1}^{n} (2k)^{n-j} c_j}{(2k)^n}.$$

注意到 $0 < \left| \sum_{j=1}^{n} (2k)^{n-j} c_j \right| < (2k)^n$. 故上述等式右边的分子与分母是互素的. 所以, 整数 p 一定被 $(2k)^n$ 整除, 这蕴含着 $p \in 2\mathbb{Z}$, 矛盾. 命题得证. □

现在给出定理 2.3.4 的证明.

定理 2.3.4 的证明 首先, 由命题 1.3.1 可知, 如下两个陈述等价:

(i) $\mathcal{Z}(\widehat{\delta}_{(2k)^{-1}D}) \cap T(2k, pC \cup (-pC)) \neq \varnothing$,

(ii) $\mathcal{Z}(\widehat{\mu}_{2k}) \cap T(2k, pC \cup (-pC)) \neq \varnothing$.

固定 $1 < k$ 且 $k \in \mathbb{N}$ 和一个奇数 $p \in \mathbb{N}$. 由定理 2.3.3 证明可知 $((2k)^{-1}D, pC)$ 构成一个相容对. 如下证明的核心思想在于寻找正整数 K 和一个无穷词 $w = w_0 w_1 \cdots w_{K-1} \in \{-1, 1\}^K$ 使得集合

$$\mathcal{C}_K^w = w_0 pC + w_1 2kpC + \cdots + w_{K-1} (2k)^{K-1} pC$$

满足条件

$$\mathcal{Z}(\widehat{\mu}_{2k}) \cap T((2k)^K, \mathcal{C}_K^w) = \varnothing,$$

其中, 紧集 $T((2k)^K, \mathcal{C}_K^w)$ 是由迭代函数系统 $\{\tau_{\mathbf{c}}(x) = (2k)^{-K}(x + \mathbf{c})\}_{\mathbf{c} \in \mathcal{C}_K^w}$ 生成的吸引子, 并且包含于紧集 $T(2k, pC \cup (-pC))$. 首先, 由命题 2.3.1 可知离散集合

$$\Lambda((2k)^K, \mathcal{C}_K^w) = \left\{ \sum_{j=0}^{m} (2k)^{jK} c_j : c_j \in \mathcal{C}_K^w, \quad 0 \leqslant j \leqslant m, \ m \in \mathbb{N} \right\}$$

构成测度 μ_{2k} 的一个正交集, 再根据定理 2.2.5 可知离散集合 $\Lambda((2k)^K, \mathcal{C}_K^w)$ 构成 μ_{2k} 的一个谱.

因为零点集 $\mathcal{Z}(\widehat{\mu}_{2k})$ 是一致离散的, 故它与紧集 $T(2k, pC \cup (-pC))$ 的交集只含有至多有限多个元素, 不妨记为 $x_1, x_2, \cdots, x_m$. 根据引理 2.3.1, 每个点 x_i 均有如下唯一的 $2k$ 进制展开式

$$x_i = p\frac{k}{2} \sum_{j=1}^{\infty} c_{i,j} (2k)^{-j}, \quad c_{i,j} \in \{-1, 0, 1\}, \quad i = 1, 2, \cdots, m. \tag{2.3.10}$$

显然, 可以忽略常数 $p\dfrac{k}{2}$ 在点 x_i 的上述 $2k$ 进制展开式中的作用. 因为 x_i 是有理数, 根据引理 2.3.2 和引理 2.3.3, 每个 x_i 的展开式均是最终周期的, 并且不是有限展开. 不失一般性, 可把点 $x_i (i = 1, 2, \cdots, m)$ 分为如下三类, 并且假设每一类都是非空的.

(a) 对于每一个 $1 \leqslant i \leqslant s$, 点 x_i 的展开式中总存在 $i_j, i_{j'} \in \mathbb{N}$ 使得 $c_{i, i_j} = 1$ 和 $c_{i, i_{j'}} = -1$.

(b) 对于每一个 $s + 1 \leqslant i \leqslant t$, 点 x_i 的展开式中的所有项均满足 $c_{i, j} \geqslant 0$.

(c) 对于每一个 $t + 1 \leqslant i \leqslant m$, 点 x_i 的展开式中的所有项均满足 $c_{i, j} \leqslant 0$.

对类 (a) 中的每一个 $1 \leqslant i \leqslant s$, 取 $k_i = \max\{i_j, i_j'\}$, 对类 (b) 中的每一个 $s + 1 \leqslant i \leqslant t$, 取 k_i 使得 $c_{i, k_i} = 1$.

令

$$M := \max\{k_1, k_2, \cdots, k_t\}.$$

根据 (c), 对于每一个 i ($t+1 \leqslant i \leqslant m$), 均存在无穷多个 $j > M$ 使得 $c_{i, j} = -1$. 因此, 可以选取 $k_i > M$ 使得 $c_{i, k_i} = -1$ 对于 $t + 1 \leqslant i \leqslant m$ 均成立. 令

$$K := \max\{k_{t+1}, k_{t+2}, \cdots, k_m\} > M.$$

现在选取 $w = \underbrace{11\cdots 1}_{K-M \text{ 个}}\underbrace{(-1)(-1)\cdots(-1)}_{M \text{ 个}}$ 并且定义

$$\mathcal{C}_K^w := \left(pC + \cdots + (2k)^{K-(M+1)}pC\right) - \left((2k)^{K-M}pC + \cdots + (2k)^{K-1}pC\right). \quad (2.3.11)$$

我们断言 $x_i \notin T((2k)^K, \mathcal{C}_K^w)$ 对于 $i = 1, 2, \cdots, m$ 均成立.

事实上, 若存在点 $x_i \in T((2k)^K, \mathcal{C}_K^w) \subseteq T(2k, pC \cup (-pC))$, 则定理 1.3.1 蕴含着点 x_i 具有如下唯一的 $2k$ 进制展开式

$$
\begin{aligned}
x_i &= \sum_{j=1}^{\infty}(2k)^{-jK}c_{i_j}, \\
&= p\frac{k}{2}\left(-(2k)^{-1}c_{i,K-1} - \cdots - (2k)^{-M}c_{i,K-M} + \right. \\
&\quad \left. (2k)^{-(M+1)}c_{i,K-(M+1)} + \cdots + (2k)^{-K}c_{i,0}\right) + \sum_{j=2}^{\infty}(2k)^{-jK}c_{i_j},
\end{aligned}
\quad (2.3.12)
$$

其中, $c_{i_j} \in \mathcal{C}_K^w$,

$$
\begin{aligned}
c_{i_1} &= p\frac{k}{2}\left(c_{i,0} + \cdots + (2k)^{K-(M+1)}c_{i,K-(M+1)} - \right. \\
&\quad \left. (2k)^{K-M}c_{i,K-M} - \cdots - (2k)^{K-1}c_{i,K-1}\right)
\end{aligned}
$$

并且 $c_{i,\ell} \in \{0, 1\}$ 对于 $0 \leqslant \ell \leqslant K-1$ 成立.

通过比较式 (2.3.10) 与式 (2.3.12) 中点 x_i 的展开式的前 K 项, 总会得到点 x_i 具有两种完全不同的展开式. 具体地, 式 (2.3.12) 中前 M 项总取负号, 第 $M+1$ 项至第 K 项总取正号. 因此, 若 $1 \leqslant i \leqslant t$, 可取 k_i 使得 $c_{i,k_i} = 1$; 若 $t+1 \leqslant i \leqslant m$, 可取 k_i 使得 $c_{i,k_i} = -1$. 这与引理 2.3.1 矛盾. 因此, 该命题得证.

此时已证得存在正整数 K 和无穷词 w 使得 $\mathcal{Z}(\widehat{\mu}_{2k}) \cap T((2k)^K, \mathcal{C}_K^w) = \varnothing$. 这完成了定理 2.3.4 的证明. $\qquad\square$

现在对定理 2.3.4 的证明细节及方法做两点说明.

(1) 定理 2.3.4 证明中的类 (a)、(b) 和 (c) 有可能不会同时出现. 但是, 注意到零点集合 $\mathcal{Z}(\widehat{\mu}_{2k})$ 和紧集 $T(2k, pC \cup (-pC))$ 都是关于原点对称的集合, 故类 (b) 和类 (c) 必须同时出现或者同时不出现, 即有 $s \in 2\mathbb{N}$, $m \in 2\mathbb{N}$.

当类 (a) 不出现且类 (b) 出现时, 只需要重复定理 2.3.4 的证明即可.

当类 (a) 出现但是类 (b) 不出现时, 有 $s = m$ 并且有关系

$$\mathcal{Z}(\widehat{\mu}_{2k}) \cap T(2k, pC) = \varnothing$$

成立. 因此, 由推论 2.2.1 可知集合 $\Lambda(2k, pC)$ 构成测度 μ_{2k} 的一个谱. 更进一步, 若替换式 (2.3.11) 中的集合 $\mathcal{C}_K^w$ 为如下集合

$$\widetilde{\mathcal{C}_K^w} := \left(w_0 C + \cdots + w_{K-(M+1)}(2k)^{K-(M+1)}C \right) - \left((2k)^{K-M}C + \cdots + (2k)^{K-1}C \right),$$

其中 $K > M$ 且 $w_0 w_1 \cdots w_{K-(M+1)} \in \{-1, 1\}^{K-M}$ 是任意有限词. 此时, 采用定理 2.3.4 的方法, 易得

$$\mathcal{Z}(\widehat{\mu}_{2k}) \cap T((2k)^K, \widetilde{\mathcal{C}_K^w}) = \varnothing.$$

因此, 根据命题 2.3.1 和定理 2.2.5, 集合

$$\Lambda((2k)^K, \widetilde{\mathcal{C}_K^w}) = \left\{ \sum_{j=0}^{m} (2k)^{Kj} c_j : c_j \in \widetilde{\mathcal{C}_K^w}, 0 \leqslant j \leqslant m, m \in \mathbb{N} \right\}$$

构成 μ_{2k} 的一个谱.

(2) 奇数 p 所对应的特征谱并不唯一. 事实上, 定理 2.3.4 中构造的特征谱 $\Lambda((2k)^K, \mathcal{C}_K^w)$ 的 "周期" 可以任意长. 具体地, 对于式 (2.3.11) 中的集合 $\mathcal{C}_K^w$, 对于任意的 $L \in \mathbb{N}_+$ 和 $u = u_0 u_1 \cdots u_{L-1} \in \{-1, 1\}^L$, 定义新集合如下

$$\mathcal{C}_{L+K}^{uw} := u_0 pC + u_1 2kpC + \cdots + u_{L-1}(2k)^{L-1}pC + (2k)^L \mathcal{C}_K^w.$$

设 $T((2k)^{K+L}, \mathcal{C}_{L+K}^{uw})$ 是由迭代函数系统 $\{\tau_c(x) = R^{-(K+L)}(x + c)\}_{c \in \mathcal{C}_{L+K}^{uw}}$ 生成的吸引子. 根据定理 2.3.4 的证明, 易得

$$T((2k)^{K+L}, \mathcal{C}_{L+K}^{uw}) \cap \mathcal{Z}(\widehat{\mu}_{2k}) = \varnothing.$$

因此, 由命题 2.3.1 和定理 2.2.5, 如下集合

$$\Lambda((2k)^{L+K}, \mathcal{C}_{L+K}^{uw}) := \left\{ \sum_{j=0}^{m} (2k)^{(L+K)j} c_j : c_j \in \mathcal{C}_{L+K}^{uw}, 0 \leqslant j \leqslant m, m \in \mathbb{N} \right\}$$

构成 μ_{2k} 的一个谱.

现在, 可以给出定理 2.3.2 的证明.

定理 2.3.2 的证明 由命题 2.3.2 可知, 对于任意的 $w = w_0 w_1 w_2 \cdots \in \{-1, 1\}^{\mathbb{N}}$, 集合 $\Lambda_w(2k, C)$ 构成 μ_{2k} 的一个谱. 联合定理 2.3.3 和定理 2.3.4, 存在对应于整数 $p \in 2\mathbb{Z} + 1$ 的无穷词 $w \in \{-1, 1\}^{\mathbb{N}}$, 使得集合 $\Lambda_w(2k, pC)$ 构成 μ_{2k} 的一个谱. $\square$

定理 2.3.1 或定理 2.3.2 可被推广为如下定理.

定理 2.3.5 令 $k > 1$ 为正整数, 则对于两个不同的奇数 p_1, p_2, 存在一个离散集 Λ, 使得集合 $\Lambda, p_1\Lambda, p_2\Lambda$ 均是伯努利卷积 μ_{2k} 的谱. 进一步, 集合 p_1/p_2 和 p_2/p_1 均是 μ_{2k} 的谱特征值.

证明 该证明的核心思想是将定理 2.3.4 的证明过程调整成对于两个奇数 p_1 和 p_2 成立. 考虑如下交集

$$\mathcal{A} := \mathcal{Z}(\widehat{\mu_{2k}}) \cap \left(T(2k, p_1 C \cup (-p_1 C)) \cup T(2k, \cup(-p_2 C)) \right).$$

由引理 2.3.1 知, 对于 $p = p_1$ 或者 $p = p_2$, 每一个点 $x \in \mathcal{A}$ 均具有形如式 (2.3.10) 的唯一 $2k$ 进制展开式. 注意到 p 的选取实质上对定理 2.3.4 的证明不起作用. 故而通过调整证明过程, 可找到正整数 M, K, 有限词 w 和形如式 (2.3.11) 的集合 $\mathcal{C}^w_{K, i}$ 使得

$$\mathcal{Z}(\widehat{\mu_{2k}}) \cap T((2k)^K, \mathcal{C}^w_{K, i}) = \varnothing$$

对于 $i = 1, 2$ 均成立, 其中

$$\mathcal{C}^w_{K, i} = \left(p_i C + \cdots + (2k)^{K-(M+1)} p_i C \right) - \left((2k)^{K-M} p_i C + \cdots + (2k)^{K-1} p_i C \right).$$

根据命题 2.3.1 和定理 2.2.5, 可知如下集合

$$\Lambda((2k)^K, \mathcal{C}^w_{K, i}) = \left\{ \sum_{j=0}^{m} (2k)^{Kj} c_j : c_j \in \mathcal{C}^w_{K, i}, 0 \leqslant j \leqslant m, m \in \mathbb{N} \right\}$$

均是 μ_{2k} 的谱. 结合命题 2.3.2, 存在依赖于无穷词 $w \in \{-1, 1\}^{\mathbb{N}}$ 的离散集 Λ, 使得集合 $\Lambda, p_1\Lambda, p_2\Lambda$ 均是伯努利卷积 μ_{2k} 的谱.

因此, 若 $p = p_1/p_2$, 则显然有 $p_2\Lambda$ 是对应于 p 的特征谱. 类似地, 若 $p = p_2/p_1$, 则显然有 $p_1\Lambda$ 是对应于 p 的特征谱. 故定理 2.3.5 成立. □

定理 2.1.3 的充分性性证明　根据定理 2.3.5 可得. □

如下简单例子用于解释定理 2.1.3 的证明.

例 2.3.1　令 $C = \{0, 1\}$ 且 $\mathcal{C}_p = -pC + 4pC + 4^2pC$, 其中 $p = 3, 5$, 则集合

$$\Lambda(4^3, \mathcal{C}_p) = \left\{ \sum_{j=0}^{m} 4^{3j} c_j : c_j \in \mathcal{C}_p, \quad m \in \mathbb{N} \right\},$$

均构成测度 μ_4 的谱. 故实数 $3, 5, 3/5, 5/3$ 均是谱测度 μ_4 的谱特征值.

证明　对于 $p = 3$ 容易验证

$$\mathcal{Z}(\widehat{\mu}_4) \cap T(4, 3\{0, \pm 1\}) = \{\pm 1\},$$

且

$$\pm 1 = \pm 3 \sum_{j=1}^{\infty} \frac{1}{4^j}.$$

类似地, 对于 $p = 5$ 有

$$\mathcal{Z}(\widehat{\mu}_4) \cap T(4, \{0, \pm 5\})) = \{\pm 1\},$$

且

$$\pm 1 = \pm 5 \sum_{j=0}^{\infty} 4^{-2j} \left(\frac{1}{4} - \frac{1}{4^2} \right).$$

设 $T(4^3, \mathcal{C}_p)$ 为迭代函数系统 $\{4^{-3}(x + c) : c \in \mathcal{C}_p\}$ 生成的吸引子, 其中 $p = 3, 5$, 则由命题 2.3.1 知 $\pm 1 \notin T(4^3, \mathcal{C}_p)$. 换言之,

$$\mathcal{Z}(\widehat{\mu}_4) \cap T(4^3, \mathcal{C}_p) = \varnothing.$$

因为 $(4^{-1}\{-1, 1\}, pC)$ 对于所有的 $p = 3, 5$ 均构成相容对, 故第一个命题由定理 2.2.5 得到, 第二个命题由定理 2.3.5 得到. □

2.4 定理 2.1.4 的证明

本节主要完成定理 2.1.4 的证明. 令 $d_k := b_k - a_k = 2^{l_k} m_k$, 其中 m_k 均为正奇数, $L = \max\limits_{k \geqslant 1} l_k < \infty$, 并且 $\rho = 2^{l+1} q$ 是一个正整数满足如下条件: 若 $q = 1$, 则 $l > L$; 若 $q > 1$, 则 $l \geqslant L$.

易验证对于任意的 $\xi \in \mathbb{R}$, 测度 $\mu_{\rho,\{a_k,b_k\}}$ 的傅里叶变换满足

$$|\widehat{\mu}_{\rho,\{a_k,b_k\}}(\xi)| = \prod_{k=1}^{\infty} |\widehat{\delta}_{\rho^{-k}\{a_k,b_k\}}(\xi)| = \prod_{k=1}^{\infty} |\widehat{\delta}_{\rho^{-k}\{0,d_k\}}(\xi)| = |\widehat{\mu}_{\rho,\{0,d_k\}}(\xi)|.$$

因此, 对于任意的离散集 Λ,

$$\sum_{\lambda \in \Lambda} |\widehat{\mu}_{\rho,\{a_k,b_k\}}(\xi+\lambda)|^2 = \sum_{\lambda \in \Lambda} |\widehat{\mu}_{\rho,\{0,d_k\}}(\xi+\lambda)|^2, \quad (\xi \in \mathbb{R}).$$

这意味着两个测度 $\mu_{\rho,\{a_k,b_k\}}$ 和 $\mu_{\rho,\{0,\,d_k\}}$ 具有完全相同的谱性质. 更进一步, $(\mu_{\rho,\{0,d_k\}}, \Lambda)$ 是一个谱对, 当且仅当 $(\mu_{\rho,\{0,qd_k\}}, q^{-1}\Lambda)$ 是一个谱对. 故只需要证明定理 2.1.4 的如下等价陈述即可.

定理 2.4.1 假设 p 是一个实数. 在定理 2.1.2 的条件下, 如下两条陈述等价:

(i) p 是谱测度 $\mu_{\rho,\,\{0,qd_k\}}$ 的一个谱特征值;

(ii) $p = \dfrac{p_1}{p_2}$, 其中 $p_1, p_2 \in \mathbb{Z} \setminus \{0\}$ 满足 $\gcd(p_1, p_2) = 1$ 并且 p_1, p_2 均为奇数.

为了证明定理 2.4.1, 需要做如下准备工作. 易知

$$\mathcal{Z}(\widehat{\delta}_{\{0,n\}}) = \frac{2\mathbb{Z}+1}{2n}, \qquad (n \in \mathbb{N}_+),$$

故 $\widehat{\mu}_{\rho,\{0,\,qd_k\}}$ 的零点集合为

$$\mathcal{Z}(\widehat{\mu}_{\rho,\{0,qd_k\}}) = \bigcup_{k=1}^{\infty} \frac{\rho^k}{2qd_k}(2\mathbb{Z}+1). \tag{2.4.1}$$

易验证对于所有的 $k \in \mathbb{N}$ 均有 $(\rho^{-1}\{0, qd_k\}, \{0,\, 2^{l-l_k}\})$ 构成一个相容对. 基于 q 的取值, 定义如下集合

$$\mathcal{G} = \begin{cases} \{0, 1, 2, 2^2, \cdots, 2^l\}, & \text{若 } q > 1; \\ \{0, 2, 2^2, \cdots, 2^l\}, & \text{若 } q = 1 \text{ 且 } l > L. \end{cases}$$

该集合包含了集合 $\{0, 2^{l-l_k}\}_{k\in\mathbb{N}}$ 中的所有不同元素.

设 $\mathcal{D}$ 是包含所有不同元素 d_k 的集合, 即 $\mathcal{D} = \{d_{(1)}, d_{(2)}, \cdots, d_{(N)}\}$. 采用记号 $\mu_{\rho, \{0, qd_{(i)}\}}$ 表示由迭代函数系统 $\{\rho^{-1}x, \rho^{-1}(x + qd_{(i)})\}$ 生成的自相似测度. 显然有

$$\mathcal{Z}(\widehat{\mu}_{\rho, \{0, qd_k\}}) \subseteq \bigcup_{i=1}^{N} \mathcal{Z}(\widehat{\mu}_{\rho, \{0, qd_{(i)}\}}) := \bigcup_{i=1}^{N} \bigcup_{k=1}^{\infty} \frac{\rho^k}{2qd_{(i)}}(2\mathbb{Z} + 1).$$

采用记号 $T(\rho, p\mathcal{G} \cup (-p\mathcal{G}))$ 表示由迭代函数系统 $\{\rho^{-1}(x + g) : g \in p\mathcal{G}\}$ 生成的吸引子, 其中 p 是一个奇数. 下述引理 2.4.1 给出紧集 $T(\rho, p\mathcal{G} \cup (-p\mathcal{G}))$ 中元素的精细刻画, 其本质归属于文献 [28] 中的引理 2.3、引理 3.1 和引理 3.3, 此处不再给出详细证明.

引理 2.4.1　*采用上述记号, 可得*

(i) 集合 $T(\rho, \mathcal{G} \cup (-\mathcal{G}))$ 中的每一个有理数均有唯一的 ρ 进制展开式, 并且展开式均是最终周期的;

(ii) 集合 $T(\rho, \mathcal{G} \cup (-\mathcal{G})) \bigcap \left(\bigcup_{i=1}^{N} \mathcal{Z}(\widehat{\mu}_{\rho, \{0, qd_{(i)}\}}) \right)$ 中每一个元素的 ρ 进制展开式均是无穷展开式.

对于任意的正整数 $M, N \in \mathbb{N}_+$, 构造集合如下

$$\begin{aligned}
\Lambda_{M,N} &:= \sum_{k=1}^{\infty} (-1)^{\iota(k)} \rho^{k-1}\{0, 2^{l-l_k}\} \\
&= \left\{ \sum_{k=1}^{m} (-1)^{\iota(k)} \rho^{k-1}\{0, 2^{l-l_k}\} : m \geqslant 1 \right\},
\end{aligned} \tag{2.4.2}$$

其中 ι 是定义在整数集合 $\mathbb{Z}$ 上的 $(M + N)$-周期函数使得

$$\tau(k) = \begin{cases} 0, & \text{若 } 1 \leqslant k \leqslant M, \\ 1, & \text{若 } M + 1 \leqslant k \leqslant M + N. \end{cases}$$

对于任意的正整数 $n \in \mathbb{N}_+$, 令

$$\Lambda_{M,N}^{n} := \sum_{k=1}^{(M+N)n} (-1)^{\iota(k)} \rho^{k-1}\{0, 2^{l-l_k}\},$$

$$\nu_{\rho,n} = \delta_{\rho^{-1}\{0,\,qd_1\}} * \delta_{\rho^{-2}\{0,\,qd_2\}} * \cdots * \delta_{\rho^{-(M+N)n}\{0,\,qd_{(M+N)n}\}}.$$

引理 2.4.2 对于任意的奇数 p, 集合 $p\Lambda_{M,N}^n$ 均构成测度 $\nu_{\rho,n}$ 的一个谱. 故离散集 $p\Lambda_{M,N}$ 构成测度 $\mu_{\rho,\{0,qd_k\}}$ 的一个正交集.

证明 对于奇数 p, 易验证对于任意的 $k \in \mathbb{N}$, 均有 $(\rho^{-1}\{0, qd_k\}, p(-1)^{\iota(k)}\{0, 2^{l-l_k}\})$ 构成相容对. 由相容对性质可得, $\left(\sum\limits_{k=1}^{(M+N)n} \rho^{-k}\{0, qd_k\}, p\Lambda_{M,N}^n\right)$ 也是一个相容对, 这推得第一个命题成立.

因为 $\Lambda_{M,N}^n$ 关于 n 单调递增并且

$$\Lambda_{M,N} = \bigcup_{n=1}^{\infty} \Lambda_{M,N}^n, \quad \mathcal{Z}(\widehat{\mu}_{\rho,\{0,qd_k\}}) = \bigcup_{n=1}^{\infty} \mathcal{Z}(\widehat{\nu}_{\rho,n}).$$

故第二个命题成立. $\qquad\qquad\square$

根据式 (2.4.2) 中的函数 ι, 定义

$$\mathcal{G}_{M,N} := \sum_{k=1}^{M+N} (-1)^{\iota(k)} \rho^{k-1} \mathcal{G}, \tag{2.4.3}$$

令 $T(\rho^{M+N}, \mathcal{G}_{M,N})$ 为迭代函数系统 $\{\rho^{-(M+N)}(x+g) : g \in \mathcal{G}_{M,N}\}$ 生成的吸引子.

下述引理 2.4.3 给出正交集 $\Lambda_{M,N}$ 和它的整扩张集合 $p\Lambda_{M,N}$ $(p \in \mathbb{Z})$ 的完备性刻画. 它对定理 2.4.2 的证明至关重要.

引理 2.4.3 利用上述术语, 对于任意的奇数 p, 存在正整数 M, N (依赖于 p) 使得下述命题成立:

(i) $\left(\bigcup\limits_{i=1}^{N} \mathcal{Z}(\widehat{\mu}_{\rho,\{0,qd_{(i)}\}})\right) \bigcap T(\rho^{M+N}, \mathcal{G}_{M,N}) = \varnothing;$

(ii) $\left(\bigcup\limits_{i=1}^{N} \mathcal{Z}(\widehat{\mu}_{\rho,\{0,qd_{(i)}\}})\right) \bigcap T(\rho^{M+N}, p\mathcal{G}_{M,N}) = \varnothing.$

因此, 存在正常数 ε, δ 使得

$$\prod_{i=1}^{N} |\widehat{\mu}_{\rho,\{0,qd_{(i)}\}}(\xi)|^2 \geqslant \varepsilon \tag{2.4.4}$$

对于所有的 $\xi \in (T(\rho^{M+N}, \mathcal{G}_{M,N}))_\delta \cup (T(\rho^{M+N}, p\mathcal{G}_{M,N}))_\delta$ 均成立.

证明　假设 p 是一个正奇数. 因为对每一个 $i = 1, 2, \cdots, m$, 零点集合 $\mathcal{Z}(\widehat{\mu}_{\rho,\{0, qd_{(i)}\}})$ 均是一致离散集, 并且集合 $T(\rho, \mathcal{G} \cup (-\mathcal{G})), T(\rho, p\mathcal{G} \cup (-p\mathcal{G}))$ 均是紧集, 因此如下集合

$$\mathcal{A}_1 := \left(\bigcup_{i=1}^{N} \mathcal{Z}(\widehat{\mu}_{\rho,\{0, qd_{(i)}\}}) \right) \cap T(\rho, \mathcal{G} \cup (-\mathcal{G}))$$

$$\mathcal{A}_2 := \left(\bigcup_{i=1}^{N} \mathcal{Z}(\widehat{\mu}_{\rho,\{0, qd_{(i)}\}}) \right) \cap T(\rho, p\mathcal{G} \cup (-p\mathcal{G}))$$

均是有限集.

假设 $\mathcal{A} = \mathcal{A}_1 \cup \mathcal{A}_2 = \{x_1, x_2, \cdots, x_m\} (m \in \mathbb{N})$. 根据引理 2.4.1, 每一个 $x_i \in \mathcal{A}_1$ 有如下唯一的 ρ 进制展开式:

$$x_i = \sum_{j=1}^{\infty} w_{i,j} \rho^{-j} g_{i,j}, \quad 其中 \quad w_{i,j} \in \{-1, 0, 1\}, \quad g_{i,j} \in \mathcal{G}, \tag{2.4.5}$$

并且每一个 $x_i \in \mathcal{A}_2$ 有如下唯一的 ρ 进制展开式:

$$x_i = p \sum_{j=1}^{\infty} w_{i,j} \rho^{-j} g_{i,j}, \quad 其中 \quad w_{i,j} \in \{-1, 0, 1\}, \quad g_{i,j} \in \mathcal{G}. \tag{2.4.6}$$

注意到每一个点 $x_i \in \mathcal{A}_1 \cap \mathcal{A}_2$ 均对应两个完全不同的无穷词 $w_{i,1} w_{i,2} w_{i,3} \cdots \in \{-1, 0, 1\}^{\mathbb{N}}$. 不失一般性, 我们总可以假设每一个点 $x_i \in \mathcal{A}$ 均对应两种完全不同的无穷词. 因此, $\mathcal{A}$ 中元素与 $2m$ 个完全不同的无穷词相对应. 进一步, $\mathcal{A}$ 中的点可被重新编号并被分为如下 (至多) 三类.

(a) 存在 s 个无穷词, 记为 $w_{i,1} w_{i,2} \cdots, i = 1, 2, \cdots, s$, 使得至少有一项 $w_{i,j_i} > 0$ 并且至少有一项 $w_{i,j'_i} < 0$. 不妨假设 $j_i > j'_i$.

(b) 存在 t 个不同的无穷词, 记为 $w_{i,1} w_{i,2} \cdots, i = s+1, s+2, \cdots, s+t$, 使得所有的项 $w_{i,j} \geqslant 0$ 并且有无穷多项 $w_{i,j} > 0$. 令 $j_i = \min\{j : w_{i,j} > 0\}$.

(c) 存在 $2m - (s+t)$ 个不同的无穷词, 记为 $w_{i,1} w_{i,2} \cdots, i = s+t+1, s+t+2, \cdots, 2m$, 使得所有的项 $w_{i,j} \leqslant 0$ 并且有无穷多项 $w_{i,j} < 0$.

令

$$N = \max\{j_1, \cdots, j_{s+t}\},$$

并选取正整数 $M \in \mathbb{N}$ 使得 $w_{i,j_i} < 0$ 对于所有的 $s + t + 1 \leqslant i \leqslant 2m$ 和某个 j_i 均成立, 其中 $N < j_i < M + N$. 定义集合 $\mathcal{G}_{M,N}$ 如式 (2.4.3) 所示, 即

$$\mathcal{G}_{M,N} = (\mathcal{G} + \rho\mathcal{G} + \cdots + \rho^{M-1}\mathcal{G}) - (\rho^M\mathcal{G} + \rho^{M+1}\mathcal{G} + \cdots + \rho^{M+N-1}\mathcal{G}).$$

由迭代函数系统 $\{(\rho^{-(M+N)}(x + g) : g \in \mathcal{G}_{M,N})\}$ 生成的紧集被记为

$$T(\rho^{M+N}, \mathcal{G}_{M,N}) = \sum_{k=1}^{\infty} \rho^{-(M+N)k}\mathcal{G}_{M,N} = \left\{ \sum_{k=1}^{m} (-1)^{\tau(k)} \rho^{-k} g_k : g_k \in \mathcal{G} \right\}, \quad (2.4.7)$$

其中 τ 是定义在整数集合 $\mathbb{Z}$ 上的 $(M + N)$-周期函数使得

$$\tau(k) = \begin{cases} 1, & \text{若 } 1 \leqslant k \leqslant N, \\ 0, & \text{若 } N + 1 \leqslant k \leqslant M + N. \end{cases}$$

通过比较式 (2.4.5) 和式 (2.4.7) 中前 $M + N$ 个词 $w_{i,1}w_{i,2}\cdots w_{i,M+N}$ 的符号, 可以得到关系式 $\mathcal{A}_1 \cap T(\rho^{M+N}, \mathcal{G}_{M,N}) = \varnothing$. 采用相同的方式, 根据式 (2.4.6) 和式 (2.4.7), 可得 $\mathcal{A}_2 \cap T(\rho^{M+N}, p\mathcal{G}_{M,N}) = \varnothing$. 因为 $T(\rho^{M+N}, \mathcal{G}_{M,N}) \subseteq T(\rho, \mathcal{G} \cup (-\mathcal{G}))$ 且 $T(\rho^{M+N}, p\mathcal{G}_{M,N}) \subseteq T(\rho, p\mathcal{G} \cup (-p\mathcal{G}))$, 则引理 2.4.3 (i) 和 (ii) 均成立.

式 (2.4.4) 成立是利用函数 $\widehat{\mu}_{\{0,qd_{(i)}\}}, i = 1, \cdots, N$ 的连续性, 以及集合 $T(\rho^{M+N}, \mathcal{G}_{M,N})$ 和 $T(\rho^{M+N}, p\mathcal{G}_{M,N})$ 的紧性. $\qquad \square$

定理 2.4.2 在定理 2.1.2 的假设下, 对应于任意奇数 p, 总存在一个离散集合 Λ (依赖于 p), 使得集合 $\Lambda, p\Lambda$ 均构成测度 $\mu_{\rho,\{0,qd_k\}}$ 的谱.

证明 固定正奇数 p, 令常数 $M, N, \varepsilon, \delta$ 如引理 2.4.3 所述. 接下来将证明集合 $\Lambda_{M,N}$ (见式 (2.4.2)), $p\Lambda_{M,N}$ 均构成测度 $\mu_{\rho,\{0,qd_k\}}$ 的谱.

固定 $\xi \in (-\delta, \delta)$, 并且令

$$f_n(\lambda) := \begin{cases} |\widehat{\nu}_{\rho,n}(\xi + \lambda)|^2, & \text{若 } \lambda \in \Lambda_{M,N}^n; \\ 0, & \text{若 } \lambda \in \Lambda_{M,N} \setminus \Lambda_{M,N}^n. \end{cases}$$

由引理 2.4.2 知对于任意的 $\xi \in \mathbb{R}$ 有

$$\sum_{\lambda \in \Lambda_{M,N}^n} |\widehat{\nu}_{\rho,n}(\xi + \lambda)|^2 = 1 \quad \text{且} \quad \sum_{\lambda \in \Lambda_{M,N}} |\widehat{\mu}_{\rho,\{0,qd_k\}}(\xi + \lambda)|^2 \leqslant 1. \quad (2.4.8)$$

注意到

$$\widehat{\mu}_{\rho,\{0,qd_k\}}(\xi) = \widehat{\nu}_{\rho,n}(\xi) \prod_{j=1}^{\infty} \widehat{\delta}_{\rho^{-j}\{0,\ qd_{j+(M+N)n}\}} \left(\frac{\xi}{\rho^{(M+N)n}} \right).$$

因此, 若 $\lambda \in \Lambda_{M,N}$, 则

$$|\widehat{\mu}_{\rho,\{0,qd_k\}}(\xi + \lambda)|^2 = |\widehat{\nu}_{\rho,n}(\xi + \lambda)|^2 \prod_{j=1}^{\infty} \left| \widehat{\delta}_{\rho^{-j}\{0,\ qd_{j+(M+N)n}\}} \left(\frac{\xi + \lambda}{\rho^{(M+N)n}} \right) \right|^2$$

$$\geqslant |\widehat{\nu}_{\rho,n}(\xi + \lambda)|^2 \prod_{i=1}^{N} \left| \widehat{\mu}_{\rho,\{0,qd_{(i)}\}} \left(\frac{\xi + \lambda}{\rho^{(M+N)n}} \right) \right|^2. \tag{2.4.9}$$

因为 $\Lambda_{M,N}^n \subseteq \mathcal{G}_{M,N} + \rho^{M+N}\mathcal{G}_{M,N} + \cdots + \rho^{(M+N)(n-1)}\mathcal{G}_{M,N}$, 故

$$\rho^{-(M+N)n} \Lambda_{M,N}^n \subseteq T(\rho^{M+N}, \mathcal{G}_{M,N}).$$

因此, 对于任意的 $\lambda \in \Lambda_{M,N}^n$, 可得 $\dfrac{\lambda}{\rho^{(M+N)n}} \in T(\rho^{M+N}, \mathcal{G}_{M,N})$. 由引理 2.4.3(i) 和式 (2.4.9), 可知

$$|\widehat{\mu}_{\rho,\{0,qd_k\}}(\xi + \lambda)|^2 \geqslant \varepsilon|\widehat{\nu}_{\rho,n}(\xi + \lambda)|^2, \qquad (\xi \in (-\delta, \delta)).$$

对上述 $\lambda \in \Lambda_{M,N}$ 加和, 根据式 (2.4.8), 可得

$$1 \geqslant \varepsilon \sum_{\lambda \in \Lambda_{M,N}} |\widehat{\nu}_{\rho,n}(\xi + \lambda)|^2.$$

因此, 对函数列 $\{f_n\}_{n=1}^{\infty}$ 应用控制收敛定理可得

$$\sum_{\lambda \in \Lambda_{M,N}} |\widehat{\mu}_{\rho,\{0,qd_k\}}(\xi + \lambda)|^2 = \lim_{n \to \infty} \sum_{\lambda \in \Lambda_{M,N}^n} |\widehat{\nu}_{\rho,n}(\xi + \lambda)|^2 \equiv 1, \qquad (\xi \in (-\delta, \delta)).$$

根据定理 1.2.1, 集合 $\Lambda_{M,N}$ 构成测度 $\mu_{\rho,\{0,qd_k\}}$ 的一个谱.

更进一步, 若将上述过程应用于集合 $p\Lambda_{M,N}$ (代替 $\Lambda_{M,N}$), 则根据引理 2.4.3 (ii) 可得 $p\Lambda_{M,N}$ 也是测度 $\mu_{\rho,\{0,qd_k\}}$ 的一个谱. □

实质上, 通过调整上述证明过程, 引理 2.4.3 和定理 2.4.2 可以一般化为如下引理 2.4.4 和定理 2.4.3. 其证明类似于定理 2.3.5, 此处将不加证明的陈述该定理. 感兴趣的读者可自行补充其证明.

引理 2.4.4 对于有限多个奇数 $p_1, p_2, \cdots, p_n$, 存在依赖于 $p_1, p_2, \cdots, p_n$ 的正整数 M, N 使得下述命题成立:

(i) $\left(\bigcup\limits_{i=1}^{N} \mathcal{Z}(\widehat{\mu}_{\rho, \{0, qd_{(i)}\}}) \right) \bigcap T(\rho^{M+N}, \mathcal{G}_{M,N}) = \varnothing$;

(ii) $\left(\bigcup\limits_{i=1}^{N} \mathcal{Z}(\widehat{\mu}_{\rho, \{0, qd_{(i)}\}}) \right) \bigcap T(\rho^{M+N}, p_j \mathcal{G}_{M,N}) = \varnothing, j = 1, 2, \cdots, N$.

定理 2.4.3 在定理 2.1.2 的假设下, 对于任意有限多个正奇数 $p_1, \cdots, p_n$, 存在一个依赖于 $p_i, i = 1, 2, \cdots, n$, 的离散集合 Λ, 使得 $\Lambda, p_1\Lambda, \cdots, p_n\Lambda$ 均构成测度 $\mu_{\rho, \{0, d_k q\}}$ 的谱.

定理 2.4.1 的证明 "(ii) $\Rightarrow$ (i)". 假设 $p = \dfrac{p_1}{p_2}$, 其中 p_1, p_2 是奇数. 根据定理 2.4.3, 存在公共离散集 Λ, 使得 $\Lambda, p_1\Lambda, p_2\Lambda$ 均构成测度 $\mu_{\rho, \{0, d_k q\}}$ 的谱. 若 $\Lambda' = p_2\Lambda$, 则

$$p\Lambda' = \frac{p_1}{p_2}\Lambda' = \frac{p_1}{p_2}(p_2\Lambda) = p_1\Lambda.$$

故 $\Lambda', p\Lambda'$ 均是测度 $\mu_{\rho, q}$ 的谱.

"(i) $\Rightarrow$ (ii)". 假设 $\Lambda, p\Lambda$ 均是测度 $\mu_{\rho, \{0, d_k q\}}$ 的谱, 则 $\Lambda, p\Lambda \subseteq \mathcal{Z}(\widehat{\mu}_{\rho, \{0, d_k q\}}) \cup \{0\}$, 因此 p 是一个有理数. 假设 $p = \dfrac{p_1}{p_2}$, 其中 $p_1, p_2 \in \mathbb{Z}\backslash\{0\}$ 使得 $\gcd(p_1, p_2) = 1$.

我们将采用反证法证明 (ii) 成立.

情形 I. p_1 是偶数而 p_2 是奇数. 该情形下, 往证 $p\Lambda$ 不是谱测度 $\mu_{\rho, \{0, d_k q\}}$ 的一个谱. 根据引理 1.2.2, 只需要证明

$$p\Lambda \subseteq \bigcup_{k=2}^{\infty} \frac{\rho^k}{2qd_k}(2\mathbb{Z} + 1). \tag{2.4.10}$$

事实上, 若式 (2.4.10) 得证, 则根据 ρ 和 d_k 的选取, 容易验证

$$p\Lambda - p\Lambda \subseteq \bigcup_{k=2}^{\infty} \frac{\rho^k}{2qd_k}(2\mathbb{Z} + 1).$$

这等价于离散集 $p\Lambda$ 构成测度

$$\mu := \delta_{\rho^{-2}\{0, d_2 q\}} * \delta_{\rho^{-n}\{0, d_3 q\}} * \cdots$$

的一个正交集, 其中 $\mu_{\rho, \{0, d_k q\}} = \delta_{\rho^{-1}\{0, d_1 q\}} * \mu$. 因此, 根据引理 1.2.2 可知, $p\Lambda$ 不是测度 $\mu_{\rho, \{0, d_k q\}}$ 的谱.

下证式 (2.4.10). 采用反证法. 令 $\Lambda_k = \dfrac{\rho^k}{2qd_k}(2\mathbb{Z}+1)$. 假设存在一个点 $\lambda \in \Lambda_k$ 使得 $p\lambda \in \Lambda_1$, 则存在 $a, a' \in 2\mathbb{Z}+1$ 使得

$$p\lambda = \frac{p_1}{p_2}\frac{\rho^k}{2qd_k}a = \frac{\rho}{2qd_1}a'.$$

故

$$p_1\rho^{k-1}ad_1 = a'p_2d_k \quad \text{其中 } k \geqslant 1. \tag{2.4.11}$$

此时可推导矛盾如下:

当 $k=1$, 式 (2.4.11) 变为 $p_1a = p_2a'$, 矛盾.

当 $k>1$, 将条件 $d_k = 2^{l_k}m_k$ 和 $\rho = 2^{l+1}q$, m_k 是一个奇数且 $l > l_k$, 代入式 (2.4.11) 可得

$$p_1(\rho^{k-1}2^{-l_k})a2^{l_1}m_1 = a'p_2m_k.$$

矛盾, 因为 $p_1, \rho^{k-1}2^{-l_k}$ 是偶数但是 a', p_2, m_k 是奇数.

故关系式 (2.4.10) 成立.

情形 II. p_1 是奇数而 p_2 是偶数. 该情形下, 采用反证法证明: 若 $\lambda \in \Lambda_1 \cap \Lambda$, 则 $p\lambda \notin \mathcal{Z}(\widehat{\mu}_{\rho,\{0,d_kq\}})$. 这蕴含着 $p\Lambda$ 不是测度 $\mu_{\rho,\{0,d_kq\}}$ 的一个谱.

事实上, 首先根据引理 1.2.2 可得 $\Lambda_1 \cap \Lambda \neq \varnothing$. 因此, 存在一个元素 $\lambda \in \Lambda_1 \cap \Lambda$, 使得 $p\lambda \in \mathcal{Z}(\widehat{\mu}_{\rho,\{0,d_kq\}})$. 根据式 (2.4.1), 存在 $a, a' \in 2\mathbb{Z}+1$, $k \in \mathbb{N}$ 使得

$$p\lambda = p\frac{\rho a}{2qd_1} = \frac{\rho^k}{2qd_k}a' \quad \Leftrightarrow \quad pad_k = \rho^{k-1}a'd_1. \tag{2.4.12}$$

注意到 $\rho = 2^{l+1}q$ 和 $d_k = 2^{l_k}m_k, k \geqslant 1$, 其中 $l \geqslant \sup\limits_{k\geqslant 1} l_k$ 和 q, m_k 均是奇数. 定义 $p_2 = 2^sp_2'$, 其中 $s \geqslant 1$ 和 p_2' 也是奇数. 因此, 通过计算, 上述式 (2.4.12) 可化为

$$p_1am_k = 2^{(l+1)(k-1)+l_1-l_k+s}q^{k-1}a'm_1p_2'.$$

因为 $p_1, a, m_k, q, a', m_1, p_2'$ 都是奇数, 则

$$(l+1)(k-1)+l_1-l_k+s = 0. \tag{2.4.13}$$

当 $k=1$ 时, 可得 $s=0$, 这与 p_2 的假设相矛盾;

当 $k > 1$ 时, 可由 $l \geqslant l_k$ 和 $l \geqslant l_1$ 得到

$$(l+1)(k-1) + l_1 - l_k + s \geqslant (l+1) + l_1 - l_k + s \geqslant 1 + l_1 + s > 0.$$

这与式 (2.4.13) 矛盾.

上述情形说明 p_1, p_2 均是奇数. 这就完成了定理 2.4.1 的证明. □

2.5 其 他 结 论

将定理 2.1.3 用于 p 是整数情形可得如下定理 2.5.1.

定理 2.5.1 假设 $k \in \mathbb{Z} \setminus \{0, \pm 1\}$ 且 p 是一个整数, 则 p 是伯努利卷积谱测度 μ_{2k} 的一个谱特征值, 当且仅当 $p \in 2\mathbb{Z} + 1$.

在作者及合作者在文献 [53] 中得到定理 2.1.3 和定理 2.5.1 之前, 已有专家学者对伯努利卷积的谱特征值取整数时开展研究工作, 参见文献 [29] 和 [83-85]. 特别地, 2011 年, Jorgensen、Kornelsen 与 Shuman[83], Li[84] 通过奇数 p 与 k 的关系判定集合 $E(\Lambda(2k, pC))$ 何时成为空间 $L^2(\mu_{2k})$ 的规范正交基, 其中, $C = \left\{ 0, \dfrac{k}{2} \right\}$. 他们的主要结果陈述如下.

定理 2.5.2 设 $k \in \mathbb{N}$ 满足 $k > 1$ 并且 $p \in 2\mathbb{N}_0 + 1$. 若 $p < 2k - 1$, 则集合 $E(\Lambda(2k, pC))$ 构成 $L^2(\mu_{2k})$ 的规范正交基.

定理 2.5.3 设 $k \in \mathbb{N}$ 满足 $k > 1$ 并且 $p = 2k - 1$, 则集合 $E(\Lambda(2k, pC))$ 不是 $L^2(\mu_{2k})$ 的规范正交基.

作为定理 2.3.3 的一个简单应用, 我们得到定理 2.5.2 的一个推广.

定理 2.5.4 设 $k \in \mathbb{N}$ 满足 $k > 1$ 且 $p \in 2\mathbb{N} + 1$. 若 $p < 2k - 1$, 则对于任意的无穷词 $w = w_0 w_1 w_2 \cdots \in \{-1, 1\}^{\mathbb{N}}$, 均有集合 $E(\Lambda_w(2k, pC))$ 构成 Hilbert 空间 $L^2(\mu_{2k})$ 的规范正交基.

证明 计算可得

$$\widehat{\delta_{(2k)^{-1}D}}(\xi) = \frac{1}{2} \left(e^{-2\pi i \frac{\xi}{2k}} + e^{2\pi i \frac{\xi}{2k}} \right) = 0 \quad \Leftrightarrow \quad \xi \in \frac{k}{2}(2\mathbb{Z} + 1), \tag{2.5.1}$$

且

$$T(2k, \pm pC) = p\frac{k}{2}\left\{\sum_{j=1}^{\infty}(2k)^{-j}c_j : c_j \in \{-1, 0, 1\}\right\}$$

$$\subseteq \left[-\frac{k}{2}\frac{p}{2k-1}, \frac{k}{2}\frac{p}{2k-1}\right]. \qquad (2.5.2)$$

因此, 若 $p < 2k - 1$, 则式 (2.5.1) 和式 (2.5.2) 蕴含 $\mathcal{Z}(\widehat{\delta}_{(2k)^{-1}D}) \cap T(2k, \pm pC)$ $= \varnothing$. 根据定理 2.3.3, 命题得证. □

作为定理 2.3.3 的证明方法的应用, 下述结果是定理 2.5.3 的一个修正.

定理 2.5.5　设 $k \in \mathbb{N}$ 并且 $k > 1$, $p = 2k - 1$, 则集合 $E(\Lambda((2k)^2, pC - 2kpC))$ 构成 $L^2(\mu_{2k})$ 的规范正交基, 其中

$$\Lambda((2k)^2, pC - 2kpC) := \left\{\sum_{j=0}^{m}(2k)^{2j}(c_{j,1} - 2kc_{j,2}) : c_{j,1}, c_{j,2} \in pC, \quad m \in \mathbb{N}\right\}.$$

证明　定义 $\widetilde{C}$ 为如下集合

$$\widetilde{C} = pC - 2kpC = \left\{0, p\frac{k}{2}, -2kp\frac{k}{2}, -(2k-1)p\frac{k}{2}\right\}.$$

由式 (1.3.2) 可得

$$T((2k)^2, \widetilde{C}) = \left\{\sum_{j=1}^{\infty}(2k)^{-2j}c_j : c_j \in \widetilde{C}\right\} \subseteq \left[-\frac{k^2}{2k+1}, \frac{k}{2(2k+1)}\right]$$

$$\subseteq \left(-\frac{k}{2}, \frac{k}{2}\right). \qquad (2.5.3)$$

根据式 (2.3.2) 与式 (2.5.3), $\mathcal{Z}(\widehat{\mu}_{2k}) \cap T((2k)^2, \widetilde{C}) = \varnothing$. 因此, 定理 2.2.5 蕴含着集合 $\Lambda((2k)^2, pC - 2kpC)$ 为测度 μ_{2k} 的一个谱, 这等价于说集合 $E(\Lambda((2k)^2, pC - 2kpC))$ 构成空间 $L^2(\mu_{2k})$ 的一族规范正交基. 该定理得证. □

接下来考虑特殊的伯努利卷积 μ_4 的谱. 根据定理 2.5.1, 测度 μ_4 的谱特征值取整数时必定为奇数.

定理 2.5.6　假设 p 是一个整数, 则 p 是伯努利卷积谱测度 μ_4 的一个特征值, 当且仅当 $p \in 2\mathbb{Z} + 1$.

根据定理 2.1.1, 测度 μ_4 的第一个谱本质上是由 Jorgensen 与 Pedersen 在文献 [22] 给出:

$$\Lambda(4, \{0,1\}) = \left\{ \sum_{k=0}^{m} 4^k c_k : c_k \in \{0,1\},\ m \in \mathbb{N} \right\}. \tag{2.5.4}$$

事实上, 近二十年来, 研究者们具体研究哪些整数 p 可以使得集合

$$\Lambda(4, \{0,p\}) = \left\{ \sum_{k=0}^{m} 4^k c_k : c_k \in \{0,p\},\ m \in \mathbb{N} \right\}$$

也构成测度 μ_4 的谱. 例如, 若 $p = 5^k, k \in \mathbb{N}$, 则集合 $\Lambda(4, \{0,p\})$ 是测度 μ_4 的谱; 若 p 可以被 3 整除, 则集合 $\Lambda(4, \{0,p\})$ 不是测度 μ_4 的谱; 关于 p 的更多具体刻画详见文献 [25]、[33]、[36]、[83]、[85-86] 等. 2016 年, Dai[52] 给出如下判别法则.

定理 2.5.7 假设 $p \geqslant 3$ 是一个奇数, 则集合 $\Lambda(4, \{0,p\})$ 是测度 μ_4 的一个谱, 当且仅当不存在正整数 N 和 $d_1 d_2 \cdots d_N \in \{0,1\}^N$ 使得

$$p \sum_{j=1}^{N} d_j 4^{j-1} \in (4^N - 1)\mathbb{Z} \setminus \{0\}.$$

根据定理 2.5.6, 可知定理 2.5.7 中的假设是合理的. 换言之, 若集合 $\Lambda(4, \{0,p\})$ 是测度 μ_4 的一个谱, 则整数 p 必定从奇数中选取.

作为定理 2.3.1 和定理 2.5.6 的推论, 可采用奇数 p 刻画给出测度 μ_4 的谱.

定理 2.5.8 若 $p \in 2\mathbb{Z} + 1$, 则存在无穷词 $w = w_0 w_1 w_2 \cdots \in \{-1,1\}^{\mathbb{N}}$, 使得集合 $E\left(\Lambda_w(4, \{0,1\})\right)$ 与 $E\left(\Lambda_w(4, \{0,p\})\right)$ 均构成 Hilbert 空间 $L^2(\mu_4)$ 的规范正交基.

受启发于定理 2.5.7 和定理 2.5.8, 作者和合作者在文献 [53] 中提出如下问题.

公共谱特征值问题: 假设 $w = w_0 w_1 w_2 \cdots$ 为 $\{-1,1\}^{\mathbb{N}}$ 中的无穷词, 且

$$\Lambda_w(4, \{0,1\}) := \left\{ \sum_{j=0}^{m} w_j 4^j c_j : w_j \in \{-1,1\},\ c_j \in \{0,1\},\ m \in \mathbb{N} \right\}, \tag{2.5.5}$$

则哪些奇数 p 使得对于所有的 w, 集合 $\Lambda_w(4, \{0,p\}) = p\Lambda_w(4, \{0,1\})$ 均构成测度 μ_4 的谱?

该问题至今未被完全解决. 文献 [53] 仅刻画给出 $p \leqslant 99$ 的所有公共谱特征值.

命题 2.5.1　若奇数 $p \leqslant 99$ 从如下数字中选取: 1, 7, 11, 13, 19, 23, 29, 31, 37, 43, 47, 49, 53, 59, 61, 67, 71, 73, 77, 79, 83, 89, 97, 则对于任意的无穷词 $w = w_0 w_1 w_2 \cdots \in \{-1, 1\}^{\mathbb{N}}$, 集合 $E\left(\Lambda_w(4, \{0, 1\})\right)$ 与 $E\left(\Lambda_w(4, \{0, p\})\right)$ 均构成 Hilbert 空间 $L^2(\mu_4)$ 的规范正交基.

该命题的证明核心是验证定理 2.3.3 中的条件 $\mathcal{Z}(\widehat{\delta}_{(2k)^{-1}D}) \cap T(2k, pC \cup (-pC)) = \varnothing$ 是否成立.

证明　令 $c = c_1 c_2 \cdots c_n \in \{-p, 0, p\}^n$ 为一个有限词, 并且令

$$\sigma_c = \sigma_{c_1} \circ \sigma_{c_2} \circ \cdots \circ \sigma_{c_n},$$

其中, $\sigma_c(x) = 4^{-1}(x + c), c \in \{-p, 0, p\}$. 因此,

$$T(4, \{-p, 0, p\}) \subseteq \bigcup_{c_1 c_2 \cdots c_n \in \{-p, 0, p\}^n} \sigma_{c_1} \circ \sigma_{c_2} \circ \cdots \circ \sigma_{c_n} \left[-\frac{p}{3}, \frac{p}{3} \right]$$

$$\subseteq \bigcup_{c_1 c_2 \cdots c_n \in \{-1, 0, 1\}^n} \left[\frac{p\left(-1 + 3\sum_{j=1}^{n} c_j 4^{n-j}\right)}{3 \cdot 4^n}, \frac{p\left(1 + 3\sum_{j=1}^{n} c_j 4^{n-j}\right)}{3 \cdot 4^n} \right].$$

通过计算可知, 当奇数 p 从假设中的数字中选取时, 紧集 $T(4, \{-p, 0, p\})$ 与零点集 $\widehat{\delta}_{4^{-1}\{-1, 1\}} = 2\mathbb{Z} + 1$ 的交集为空集. 所以, 根据命题 2.3.2 和定理 2.3.3, 命题得证. $\qquad\square$

通过 μ_{2k} 的谱特征值可以很容易地说明谱测度中含有非常稀疏的谱. 更精确地说, μ_{2k} 含有上 Beurling 密度为 0 的谱. 其定义详见文献 [87-89].

定义 2.5.1　给定 $r > 0$ 和实直线 $\mathbb{R}$ 上的一个离散集 Λ. 定义集合 Λ 的上 r-Beurling 密度为

$$\mathcal{D}_r^+(\Lambda) := \limsup_{h \to \infty} \sup_{x \in \mathbb{R}} \frac{\#(\Lambda \cap (x + [-h, h]))}{(2h)^r},$$

定义集合 Λ 的上 Beurling 维数为

$$\dim^+(\Lambda) = \sup\{r > 0 : \mathcal{D}_r^+(\Lambda) > 0\} = \inf\{r > 0 : \mathcal{D}_r^+(\Lambda) < \infty\}.$$

固定 $1 < k$ 且 $k \in \mathbb{N}$ 和 $w \in \{-1,1\}^{\mathbb{N}}$. 由命题 2.3.2, 集合 $\Lambda_w(2k, C)$ 构成 μ_{2k} 的一个谱, 其中, $C = \left\{0, \dfrac{k}{2}\right\}$. 根据文献 [89] 的定理 3.5 (a),

$$\mathcal{D}_{\log_{2k} 2}^+(\Lambda_w(2k, C)) < \infty. \tag{2.5.6}$$

另外, 令 $h = \dfrac{k}{2}(1 + 2k + \cdots + (2k)^{n-1})) =: a((2k)^n - 1) < a(2k)^n$, 其中, $a = \dfrac{k}{2(2k-1)}$, 易知区间 $[-h, h]$ 中至少包含集合 $\Lambda_w(2k, C)$ 中的 2^n 个元素. 故

$$\mathcal{D}_{\log_{2k} 2}^+(\Lambda_w(2k, C)) \geqslant \limsup_{h \to \infty} \frac{\#(\Lambda_w(2k, C) \cap [-h, h])}{(2h)^{\log_{2k} 2}}$$

$$\geqslant \limsup_{n \to \infty} \frac{2^n}{[2a(2k)^n]^{\log_{2k} 2}}$$

$$= (2a)^{-\log_{2k} 2} > 0.$$

显然, 若 $p \in 2\mathbb{Z} + 1$, 则 $\mathcal{D}_{\log_{2k} 2}^+(\Lambda_w(2k, pC)) = \dfrac{1}{|p|^{\log_{2k} 2}} \mathcal{D}_{\log_{2k} 2}^+(\Lambda_w(2k, C))$. 因此, 根据定理 2.3.1 和式 (2.5.6), 存在 μ_{2k} 的一个谱 $\Lambda_w(2k, pC)$ 使得

$$\lim_{|p| \to \infty} \mathcal{D}_{\log_{2k} 2}^+(\Lambda_w(2k, pC)) = 0.$$

根据文献 [30] 的定理 2.9 和文献 [89] 的定理 3.5 (a), 对于 μ_{2k} 的任意的谱 Λ 均有

$$0 \leqslant \dim^+(\Lambda) \leqslant \log_{2k} 2.$$

受启发于上述结论, 文献 [53] 提出如下猜测.

猜测 2.5.1 伯努利卷积 μ_{2k} 的谱的上 Beurling 维数具有介值性质, 且其值的取值范围是 $[0, \log_{2k} 2]$. 即对于任意的 $0 \leqslant s \leqslant \log_{2k} 2$, 均存在 μ_{2k} 的一个谱 Λ 使得 $\dim^+(\Lambda) = s$.

该猜测已被 Li 和 Wu [90] 解决. 关于其他一维或者二维谱测度的谱的 Beurling 密度和 Beurling 维数的刻画可参考文献 [90-93].

2.6　本章小结

本章主要结果完整确定给出伯努利卷积谱测度的所有谱特征值 (定理 2.1.3) 和一类广义伯努利卷积谱测度的所有谱特征值 (定理 2.1.4). 作为证明技巧和方法上的应用, 本章也推广了已有文献中的部分结果 (例如, 定理 2.5.4、定理 2.5.5和定理 2.5.8 等), 并提出了一些问题 (如公共谱特征值问题等). 上述结果均节选自作者与合作者的工作 [53-54]. 本书第 3 章将继续深化本章中已取得的技巧和方法, 完整确定由连续型数字集生成的 Cantor 谱测度的所有谱特征值, 并给出谱特征子空间的一个刻画. 特别地, 第 3 章中也将给出伯努利卷积谱测度 μ_{2k} 的谱特征子空间的刻画. 现将其陈述为定理 2.6.1, 其详细证明参见定理 3.4.4. 显然, 定理 2.6.1 的结果要比定理 2.3.2 和定理 2.5.8 更加精细.

定理 2.6.1　若 $k \in \mathbb{Z} \setminus \{0, \pm 1\}$ 且 $p = \dfrac{p_1}{p_2}$, 其中 $p_1, p_2 \in 2\mathbb{Z}+1$, $\gcd(p_1, p_2) = 1$, 则集合

$$\{\Lambda \subseteq \mathbb{R} : \Lambda \text{ 和 } p\Lambda \text{ 均是 } \mu_{2k} \text{ 的谱且 } 0 \in \Lambda\}$$

具有连续势.

另外, 定理 2.3.4 的证明过程可调整成处理对有限多个奇数成立, 即可完成定理 2.3.5 的如下推广.

定理 2.6.2　令 $k > 1$ 为正整数, 则对于两两互异奇数 $p_1, p_2, \cdots, p_n$, 存在一个离散集 Λ, 使得 $\Lambda, p_1\Lambda, \cdots, p_n\Lambda$ 均是伯努利卷积 μ_{2k} 的谱.

针对特殊的测度 μ_4, 作者和合作者在文献 [94] 中引入新方法给出它的谱特征子空间的交集的一个新刻画. 现不加证明的将其陈述为定理 2.6.3, 该定理进一步深化了谱特征值问题.

定理 2.6.3　集合

$$\bigcap_{p \in 2\mathbb{Z}+1} \{\Lambda : \Lambda \text{ 和 } p\Lambda \text{ 均构成 } \mu_4 \text{ 的谱}\}$$

具有连续势.

第 3 章 含连续型数字集 Cantor 谱测度的谱

3.1 引言和主要结果

本章主要目标是完整确定由连续型数字集生成的 Cantor 谱测度 $\mu_{\rho,q}(\rho \in q\mathbb{N})$ 的所有谱特征值, 并给出其谱特征值子空间的一个刻画. 具体地, 令 $\rho > 0$, $D = \{0, 1, \cdots, q-1\}$, $\mu_{\rho,q}$ 为实直线 $\mathbb{R}$ 上由迭代函数系统 $\{\rho^{-1}(x+j) : j \in D\}$ 和概率向量 $(p_d)_{d \in D}$ (其中, $p_d = \dfrac{1}{q}$) 生成的 Cantor 测度. 在弱 $*$ 拓扑意义下, 该测度 $\mu_{\rho,q}$ 可等价的表述为如下无穷卷积

$$\mu_{\rho,q} := \delta_{\rho^{-1}D} * \delta_{\rho^{-2}D} * \cdots. \tag{3.1.1}$$

2000 年, Strichartz 首先在文献 [24] 中研究该类测度的谱问题. 2013 年, Dai、He 与 Lai[30] 和 Dai[52] 采用极大树映射研究谱测度 $\mu_{\rho,q}$ $(\rho \in q\mathbb{N})$ 的极大正交集, 并给出其完备性的充分条件. 2014 年, Dai、He 与 Lau[31] 给出测度 $\mu_{\rho,q}$ 的谱与非谱性质的完全刻画.

定理 3.1.1 Cantor 测度 $\mu_{\rho,q}$ 是谱测度, 当且仅当 $\rho \in q\mathbb{N}$.

本章将确定上述定理中谱测度 $\mu_{\rho,q}$ 的所有谱特征值.

定理 3.1.2 假设 p 是一个实数且 $\mu_{\rho,q}$ 是谱测度.

(i) 若 $\rho = q$, 则 $p = \pm 1$ 是 $\mu_{\rho,q}$ 的唯一谱特征值;

(ii) 若 $\rho > q$, 则 p 是 $\mu_{\rho,q}$ 的谱特征值, 当且仅当 $p = \dfrac{p_1}{p_2}$, 其中 p_1, p_2 和 q 是两两互素的整数.

基于定理 3.1.2, 本章将给出谱测度 $\mu_{\rho,q}$ 的谱特征值子空间的一个刻画.

定理 3.1.3 假设 $p \in \mathbb{R}$ 且 $\rho \in q\mathbb{N}, \rho > q$, 则下述陈述等价.

(i) p 是谱测度 $\mu_{\rho,q}$ 的一个特征值.

(ii) $\mathrm{Card}(\{\Lambda \subseteq \mathbb{R} : \Lambda \text{ 和 } p\Lambda \text{ 均是测度 } \mu_{\rho,q} \text{ 的谱且 } 0 \in \Lambda\}) = c := \mathrm{Card}(\mathbb{R})$.

本章节次安排如下: 3.2 节证明定理 3.1.2; 3.3 节给出随机谱的一个刻画; 3.4 节刻画谱特征值子空间, 并证明定理 3.1.3; 3.5 节给出本章小结.

3.2　定理 3.1.2 的证明

定理 3.1.2 的证明依赖于引理 1.2.2 和如下定理 3.2.1.

定理 3.2.1　设 $\rho = qr$ 是正整数, 其中 $q \geqslant 2, r \geqslant 1$ 为正整数, 则如下结论成立.

(i) 若 $r = 1$, 则集合 $\Lambda = \mathbb{Z}$ 是 $\mu_{\rho,q}$ 的含 0 的唯一谱. 因此, 集合 $\mathbb{R}\backslash\{\pm 1\}$ 中的任何实数 p 均不是测度 $\mu_{\rho,q}$ 的谱特征值.

(ii) 若 $r \geqslant 2$, 且整数 p_1, p_2 满足 $\gcd(p_i,\, q) = 1$, $i = 1, 2$, 则存在公共离散集合 Λ (依赖于 p_1 和 p_2) 使得 $\Lambda, p_1\Lambda, p_2\Lambda$ 均是 $\mu_{\rho,q}$ 的谱.

显然, 定理 3.2.1(i) 是平凡的, 这是因为测度 $\mu_{\rho,q}$ 恰好是支撑在闭区间 $[0,1]$ 上的 Lebesgue 测度. 证明定理 3.2.1(ii) 前, 此处首先证明定理 3.1.2.

定理 3.1.2 的证明　(i) 根据定理 3.2.1(i), 该结论平凡.

(ii) **充分性**　假设 $p = \dfrac{p_1}{p_2}$, 其中 $\gcd(p_1, p_2) = 1$ 且 $\gcd(p_i, q) = 1$ 对于 $i = 1, 2$ 均成立. 根据定理 3.2.1(ii), 存在一个离散集 Λ 使得 $\Lambda, p_1\Lambda, p_2\Lambda$ 都是 $\mu_{\rho,q}$ 的谱. 令 $\Lambda' = p_2\Lambda$. 则 $\Lambda', p\Lambda'$ 都是 $\mu_{\rho,q}$ 的谱, 得证.

必要性　固定 $p \in \mathbb{R}$ 且假设 $\Lambda, p\Lambda$ 均是 $\mu_{\rho,q}$ 的谱, 其中 $0 \in \Lambda$. 由式 (1.2.1) 和式 (3.1.1) 计算可得测度 $\mu_{\rho,q}$ 的傅里叶变换 $\widehat{\mu}_{\rho,q}$ 为

$$\widehat{\mu}_{\rho,q}(\xi) = \prod_{k=1}^{\infty} \left[\frac{1}{q}\left(1 + \mathrm{e}^{-2\pi\mathrm{i}\rho^{-k}\xi} + \mathrm{e}^{-2\pi\mathrm{i}\rho^{-k}2\xi} + \cdots + \mathrm{e}^{-2\pi\mathrm{i}\rho^{-k}(q-1)\xi} \right) \right].$$

计算可得傅里叶变换 $\widehat{\mu}_{\rho,q}$ 的零点集是

$$\mathcal{Z}(\widehat{\mu}_{\rho,q}) = \bigcup_{k=0}^{\infty} \rho^k r(\mathbb{Z} \setminus q\mathbb{Z}). \tag{3.2.1}$$

令

$$\Lambda_k = \rho^k r(\mathbb{Z} \setminus q\mathbb{Z}), \qquad k \geqslant 0.$$

断言 1 $\Lambda_0 \cap \Lambda \neq \varnothing$.

事实上, 若 $\Lambda_0 \cap \Lambda = \varnothing$, 则由 $0 \in \Lambda$ 可知 $\Lambda \subseteq \bigcup_{k=1}^{\infty} \Lambda_k$. 容易验证

$$\Lambda - \Lambda \subseteq \bigcup_{k=1}^{\infty} \Lambda_k \cup \{0\}.$$

这意味着 Λ 是测度 $\mu := \delta_{\rho^{-2}D} * \delta_{\rho^{-3}D} * \cdots$ 一个正交集, 其中 $\mu_{\rho,q} = \delta_{\rho^{-1}D} * \mu$. 根据引理 1.2.2, 离散集合 Λ 不是谱测度 $\mu_{\rho,q}$ 的一个谱, 矛盾. 断言 1 得证.

断言 2 集合 $r^{-1}(\Lambda_0 \cap \Lambda) \cup \{0\}$ 恰好为商群 $\mathbb{Z}/q\mathbb{Z}$ 的一个完全剩余系.

事实上, 如若不然, 则存在一个正整数 $n_0 \in \{1, 2, \cdots, q-1\}$ 使得

$$r^{-1}(\Lambda_0 \cap \Lambda) \cap (n_0 + q\mathbb{Z}) = \varnothing.$$

故对于任意的 $\lambda \in \Lambda_0 \cap \Lambda$, 有

$$\lambda - rn_0 \in r(\mathbb{Z} \setminus q\mathbb{Z})(\subseteq \mathcal{Z}(\widehat{\mu}_{\rho,q})).$$

因为 $\Lambda \setminus \{0\} \subseteq \mathcal{Z}(\widehat{\mu}_{\rho,q})$, 故对于 $\lambda \in \Lambda \setminus \Lambda_0$, 存在 $k \in \mathbb{N}$ 和 $a \in \mathbb{Z} \setminus q\mathbb{Z}$ 使得 $\lambda = \rho^k ra = (qr)^k ra$. 因此,

$$\lambda - rn_0 = r(\rho^k a - n_0) \in r(\mathbb{Z} \setminus q\mathbb{Z})(\subseteq \mathcal{Z}(\widehat{\mu}_{\rho,q})).$$

换言之, rn_0 与集合 Λ 中的每一个元素均正交, 即

$$\sum_{\lambda \in \Lambda \cup \{rn_0\}} |\widehat{\mu}_{\rho,q}(\xi + \lambda)|^2 \leqslant 1 \quad (\forall \, \xi \in \mathbb{R}). \tag{3.2.2}$$

注意到 Λ 是谱测度 $\mu_{\rho,q}$ 的一个谱, 即有

$$\sum_{\lambda \in \Lambda} |\widehat{\mu}_{\rho,q}(\xi + \lambda)|^2 \equiv 1 \quad (\forall \, \xi \in \mathbb{R}). \tag{3.2.3}$$

根据式 (3.2.2) 和式 (3.2.3), 可得

$$|\widehat{\mu}_{\rho,q}(\xi + rn_0)|^2 \equiv 0 \quad (\forall \, \xi \in \mathbb{R}).$$

根据 $\widehat{\mu}_{\rho,q}(0) = 1$, 可得矛盾. 断言 2 得证.

利用 $\Lambda, p\Lambda$ 的正交性质, 得到 $\Lambda, p\Lambda \subseteq \mathcal{Z}(\widehat{\mu}_{\rho,q}) \subseteq \mathbb{Z}$, 因此 p 是一个有理数. 令

$$p = \frac{p_1}{p_2}, \quad \text{其中} \quad \gcd(p_1, p_2) = 1, \quad \gcd(p_i, q) = d_i, \quad i = 1, 2. \tag{3.2.4}$$

更进一步, 对于 $i = 1, 2$, 定义

$$p_i = d_i p_i', \qquad p_i' \in \mathbb{Z}. \tag{3.2.5}$$

接下来, 采用反证法证明式 (3.2.4) 和式 (3.2.5) 中 $d_1 = d_2 = 1$.

(1) 采用反证法证明 $d_1 = 1$. 事实上, 若 $d_1 > 1$, 此时可以将 p_1 视为循环群 $\mathbb{Z}_q$ 中的一个元素, 并且令 $\langle p_1 \rangle$ 为 $\mathbb{Z}_q$ 中由元素 p_1 生成的循环子群. 此时条件 $d_1 > 1$ 意味着 $\langle p_1 \rangle$ 是群 $\mathbb{Z}_q$ 的一个真子群, 这意味着 $p_1 \mathbb{Z}$ 并不包含商群 $\mathbb{Z}/q\mathbb{Z}$ 的一个完全剩余系.

另外, 由条件 $\Lambda, p\Lambda \subseteq \mathcal{Z}(\widehat{\mu}_{\rho,q}) \cup \{0\} \subseteq r\mathbb{Z}$ 可知, $\frac{1}{r}\Lambda \subseteq \mathbb{Z}$ 并且 $\frac{p_1}{rp_2}\Lambda \subseteq \mathbb{Z}$. 由 $\gcd(p_1, p_2) = 1$ 可得, $\frac{1}{rp_2}\Lambda \subseteq \mathbb{Z}$. 因此,

$$\frac{1}{r}(p\Lambda \cap \Lambda_0) \cup \{0\} \subseteq \frac{p_1}{rp_2}\Lambda \cup \{0\} \subseteq p_1 \mathbb{Z}.$$

应用断言 2 于谱 $p\Lambda$ (代替 Λ), 可得 $p_1 \mathbb{Z}$ 也包含商群 $\mathbb{Z}/q\mathbb{Z}$ 的一个完全剩余系. 上述讨论意味着 $d_1 = 1$.

(2) 采用反证法证明 $d_2 = 1$. 事实上, 若 $d_2 > 1$, 则根据断言 2, 存在一个元素 $\lambda_0 \in \Lambda_0 \cap \Lambda$ (例如, $\lambda_0 \in r(d_2 - 1 + q\mathbb{Z}) \cap \Lambda$) 使得

$$\gcd\left(d_2, \frac{\lambda_0}{r}\right) = 1.$$

由 $\gcd(d_2, p_1) = 1$ 可得, $\gcd\left(d_2, p_1\frac{\lambda_0}{r}\right) = 1$. 结合式 (3.2.5), 可得

$$p\frac{\lambda_0}{r} = \frac{1}{p_2'}\frac{p_1\frac{\lambda_0}{r}}{d_2} \notin \mathbb{Z}. \tag{3.2.6}$$

故 $p\lambda_0 \notin \mathcal{Z}(\widehat{\mu}_{\rho,q})(\subseteq r\mathbb{Z})$, 即 $p\Lambda$ 不是谱测度 $\mu_{\rho,\,q}$ 的谱, 矛盾. 定理 3.1.2 得证. $\square$

为了证明定理 3.2.1(ii), 先来证明几个引理.

引理 3.2.1 假设 $\rho = qr$ 是一个正整数, $q, r \geqslant 2$, 且 $D = \{0, 1, \cdots, q-1\}$, $C_0 = rD$. 若 p 是一个整数使得 $\gcd(p, q) = 1$, 则 $pC_0 \equiv C_0 \pmod{\rho}$, 且对于任意的无穷词 $w \in \{-1, 1\}^{\mathbb{N}}$, 集合

$$p\Lambda_w(\rho, C_0) := p\left\{\sum_{j=1}^{m} w_j \rho^{j-1} c_j : c_j \in C_0, w_j \in \{-1, 1\}, m \in \mathbb{N}_+\right\},$$

均是测度 $\mu_{\rho, q}$ 的正交集.

证明 数字集 D 可以被看做循环群 $\mathbb{Z}_q$, 其单位元为 0. 根据条件 $\gcd(p, q) = 1$ 可将 p 视为循环群 $\mathbb{Z}_q$ 的一个生成元, 即 $p, 2p, \cdots, qp = 0$ 是群 $\mathbb{Z}_q$ 中的不同元素, 这等价于 $pD \equiv D \pmod{q}$. 因此, $pC_0 \equiv C_0 \pmod{\rho}$, 第一个命题得证.

接下来, 令

$$\nu_n = \delta_{\rho^{-1}D} * \delta_{\rho^{-2}D} * \cdots * \delta_{\rho^{-n}D},$$

$$\Lambda_n = pw_1 C_0 + pw_2 \rho C_0 + \cdots + pw_n \rho^{n-1} C_0.$$

根据相容对 $(\rho^{-1}D, pC_0)$ 的性质 (命题 1.4.1(i) 和命题 1.4.1 (iv)) 和如下关系式

$$\mathcal{Z}(\widehat{\mu}_{\rho, q}) = \bigcup_{n=1}^{\infty} \mathcal{Z}(\widehat{\nu}_n) \quad \text{且} \quad p\Lambda_w(\rho, C_0) = \bigcup_{n=1}^{\infty} \Lambda_n,$$

可直接验证第二个结论成立. 引理 3.2.1 得证. □

特别地, 若在引理 3.2.1 中取 $p = 1$, 例 2.2.3 已经通过无穷词 $\{-1, 1\}^{\mathbb{N}}$ 刻画给出谱测度 $\mu_{\rho, q}$ 的一类谱. 此处将其重新陈述为如下引理.

引理 3.2.2 假设 $\rho = qr$ 为正整数, 其中 $q, r \geqslant 2$, 则对于任意的无穷词 $w = w_1 w_2 w_3 \cdots \in \{-1, 1\}^{\mathbb{N}}$, 集合

$$\Lambda_w(\rho, C_0) := \left\{\sum_{j=1}^{m} w_j \rho^{j-1} c_j : c_j \in C_0, w_j \in \{-1, 1\}, m \in \mathbb{N}_+\right\}, \quad (3.2.7)$$

均构成测度 $\mu_{\rho, q}$ 的谱, 其中 $C_0 = rD, D = \{0, 1, \cdots, q-1\}$.

固定非零整数 $p \neq 1$ 使得 $\gcd(p, q) = 1$. 对于任意的正整数 M, N, 定义

$$\mathcal{G}_{M,N} := (C_0 + \rho C_0 + \cdots + \rho^{M-1} C_0) - (\rho^M C_0 + \cdots + \rho^{M+N-1} C_0), \quad (3.2.8)$$

并且设 $T(\rho^{M+N}, p\mathcal{G}_{M,N})$ 是由迭代函数系统 $\{\rho^{-(M+N)}(x+pg) : g \in \mathcal{G}_{M,N}\}$ 生成的吸引子. 精确地,

$$T(\rho^{M+N}, p\mathcal{G}_{M,N}) = p\left\{\sum_{k=1}^{\infty} \rho^{-(M+N)k} g_k : g_k \in \mathcal{G}_{M,N}\right\}$$

$$= p\left\{\sum_{k=1}^{\infty} (-1)^{\tau(k)} \rho^{-k} c_k : c_k \in C_0\right\}, \qquad (3.2.9)$$

其中 τ 是一个定义在整数集合 $\mathbb{Z}$ 上的 $(M+N)$-周期函数满足

$$\tau(k) = \begin{cases} 1, & \text{若 } 1 \leqslant k \leqslant N, \\ 0, & \text{若 } N+1 \leqslant k \leqslant M+N. \end{cases}$$

引理 3.2.3 若 $\gcd(p,q) = 1$, 则紧集 $T(\rho, pC_0 \cup (-pC_0))$ 中的每一个元素 x 均有唯一的 ρ 进制展开式, 并且是最终周期的. 更进一步, 每一个元素 $x \in T(\rho, pC_0 \cup (-pC_0)) \cap \mathcal{Z}(\widehat{\mu}_{\rho, q})$ 的 ρ 进制展开式均是无穷展开式.

证明 仿照引理 2.3.1、引理 2.3.2 和引理 2.3.3 直接验证即可. 此处忽略证明细节. □

令 $\delta > 0$, 定义紧集 $T(\rho^{M+N}, p\mathcal{G}_{M,N})$ 的闭 δ-邻域如下

$$(T(\rho^{M+N}, p\mathcal{G}_{M,N}))_\delta = \{x \in \mathbb{R} : \text{dist}(x, T(\rho^{M+N}, p\mathcal{G}_{M,N})) \leqslant \delta\}.$$

下述引理本质上给出了正交集合 $p\Lambda_w(\rho, C_0)$ 在 Hilbert 空间 $L^2(\mu_{\rho, q})$ 中完备的一个充分条件.

引理 3.2.4 采用上述术语, 对于任意的满足条件 $\gcd(p,q) = 1$ 的正整数 p, 均存在正整数 $M, N \in \mathbb{N}$（依赖于 p）使得

$$\mathcal{Z}(\widehat{\mu}_{\rho,q}) \cap T(\rho^{M+N}, p\mathcal{G}_{M,N}) = \varnothing. \qquad (3.2.10)$$

故存在常数 $\varepsilon, \delta > 0$ 使得

$$|\widehat{\mu}_{\rho,q}(\xi)|^2 \geqslant \varepsilon$$

对于所有的 $\xi \in (T(\rho^{M+N}, p\mathcal{G}_{M,N}))_\delta$ 均成立.

证明 因为集合 $\mathcal{Z}(\widehat{\mu}_{\rho,q})$ 是一个离散集, 它与紧集 $T(\rho, pC_0 \cup (-pC_0))$ 的交集是一个有限集. 不妨记为

$$\mathcal{A} := \{x_1, x_2, \cdots, x_m\}.$$

因为 $C_0 = rD$, 故

$$T(\rho, pC_0 \cup (-pC_0)) = pr\left\{\sum_{j=1}^{\infty} \rho^{-j} c_j : c_j \in D \cup (-D)\right\} =: pr T(\rho, D \cup (-D)).$$

因此, 每一个点 $x_i \in \mathcal{A}$ 均具有如下展开式

$$x_i = pr \sum_{j=1}^{\infty} \rho^{-j} c_{i,j}, \quad c_{i,j} \in \{-(q-1), \cdots, 0, \cdots, q-1\}. \tag{3.2.11}$$

根据引理 3.2.3 和式 (3.2.11) 中点 x_i 的展开式, 集合 $\mathcal{A}$ 中的元素均可重排, 并被划分为如下 (至多) 三类元素:

(a) 对于每一个 $1 \leqslant i \leqslant s, s \in \mathbb{N}$, 点 x_i 的展开式中至少有一项 $c_{i,j_i} > 0$ 且至少一项 $c_{i,j_i'} < 0$. 不妨假设 $j_i > j_i'$;

(b) 对于每一个 $s+1 \leqslant i \leqslant s+t, t \in \mathbb{N}$, 点 x_i 的展开式中所有项 $c_{i,j} \geqslant 0$ 并且存在无穷多项 $c_{i,j} > 0$. 令 $j_i := \min\{j : c_{i,j} > 0\}$;

(c) 对于每一个 $s+t+1 \leqslant i \leqslant m$, 点 x_i 的展开式中所有项 $c_{i,j} \leqslant 0$ 并且存在无穷多项 $c_{i,j} < 0$.

若 $1 \leqslant i \leqslant s+t$, 定义 $N := \max\limits_{1 \leqslant i \leqslant s+t}\{j_i\}$. 接下来, 对于 $s+t+1 \leqslant i \leqslant m$ 可选取正整数 M 和某个 j_i 使得 $c_{i,j_i} < 0$, 其中 $N < j_i < M+N$. 现在定义集合 $\mathcal{G}_{M,N}$ 如式 (3.2.8) 所示.

我们断言 $x_i \notin T(\rho^{M+N}, p\mathcal{G}_{M+N})$. 否则, 通过分别比较类 (a)、(b) 和 (c) 中点 x_i 的展开式中 $c_{i,j}$ 的符号 "+" 或者 "−", 可得上述点 x_i 均有两个完全不同的展开式, 这与引理 3.2.3 矛盾. 因此该断言正确, 并且蕴含着结论式 (3.2.10) 成立. 第二个结论可直接根据函数 $\widehat{\mu}_{\rho,q}$ 的连续性和集合 $T(\rho^{M+N}, p\mathcal{G}_{M,N})$ 的紧性推得. $\qquad\square$

事实上, 根据引理 3.2.3, 可将引理 3.2.4 中的论述过程用于如下集合

$$\mathcal{Z}(\widehat{\mu}_{\rho,q}) \cap \bigcup_{i=1}^{2} T(\rho, p_i C_0 \cup (-p_i C_0)),$$

其中 $p_1, p_2 > 0$ 是满足条件 $\gcd(p_i, q) = 1, i = 1, 2$ 的整数, 并得到如下引理.

引理 3.2.5　对于任意满足条件 $\gcd(p_i, q) = 1, i = 1, 2$ 的两个整数 p_1, p_2, 存在正整数 $M, N \in \mathbb{N}$ (依赖于 p_1, p_2) 使得

$$\mathcal{Z}(\widehat{\mu}_{\rho, q}) \cap T(\rho^{M+N}, p_i \mathcal{G}_{M,N}) = \varnothing, \quad i = 1, 2. \tag{3.2.12}$$

故存在正常数 $\varepsilon, \delta > 0$ 使得

$$|\widehat{\mu}_{\rho, q}(\xi)|^2 \geqslant \varepsilon$$

对于所有的点 $\xi \in \left(\bigcup_{i=1}^{2} T(\rho^{M+N}, p_i \mathcal{G}_{M,N}) \right)_\delta$ 均成立.

现在可以完整给出定理 3.2.1 (ii) 的证明.

定理 3.2.1 (ii) **的证明**.　固定整数 p_i 使得 $\gcd(p_i, q) = 1$ 对于 $i = 1, 2$ 成立. 接下来需要构造离散集合 Λ, 使得集合 $p_1 \Lambda$ 和 $p_2 \Lambda$ 均构成测度 $\mu_{\rho, q}$ 的谱. 根据引理 1.2.1(i), 不妨假设 $p_1 > 0$ 和 $p_2 > 0$. 令常数 $M, N, \varepsilon, \delta$ 如引理 3.2.5 所示, 定义

$$\Lambda_{M,N} := \sum_{k=1}^{\infty} (-1)^{\iota(k)} \rho^{k-1} C_0,$$

其中 ι 是定义在整数集合 $\mathbb{Z}$ 上的 $(M+N)$-周期函数使得

$$\iota(k) = \begin{cases} 0, & \text{若 } 1 \leqslant k \leqslant M, \\ 1, & \text{若 } M+1 \leqslant k \leqslant M+N. \end{cases}$$

由引理 3.2.2 可得, 集合 $\Lambda_{M,N}$ 是测度 $\mu_{\rho, q}$ 的一个谱. 因此, 只需要证明集合 $p_1 \Lambda_{M,N}$ 和 $p_2 \Lambda_{M,N}$ 均是测度 $\mu_{\rho, q}$ 的谱即可. 此处仅证明集合 $p_1 \Lambda_{M,N}$ 是测度 $\mu_{\rho, q}$ 的一个谱. 可类似证明 $p_2 \Lambda_{M,N}$ 也是测度 $\mu_{\rho, q}$ 的一个谱.

定义

$$\Lambda_{M,N}^n := \sum_{k=1}^{(M+N)n} (-1)^{\iota(k)} \rho^{k-1} C_0,$$

$$\nu_n := \delta_{\rho^{-1}D} * \delta_{\rho^{-2}D} * \cdots * \delta_{\rho^{-(M+N)n}D}.$$

根据引理 3.2.1 和命题 1.4.1, 对于所有的 $n \in \mathbb{N}$, 均有 $(\nu_n, p_1 \Lambda_{M,N}^n)$ 是一个谱对, 这等价于

$$\sum_{\lambda \in p_1 \Lambda_{M,N}^n} |\widehat{\nu}_n(\xi + \lambda)|^2 = 1, \quad (\xi \in \mathbb{R}). \tag{3.2.13}$$

根据关系式 $\Lambda_{M,N} = \overset{\infty}{\underset{n=1}{\bigcup}} \Lambda_{M,N}^n$ 和 $\mathcal{Z}(\widehat{\nu}_n) \subseteq \mathcal{Z}(\widehat{\mu}_{\rho,q})$, 易知 $p_1 \Lambda_{M,N}$ 构成测度 $\mu_{\rho,q}$ 的一个正交集, 即

$$\sum_{\lambda \in p_1 \Lambda_{M,N}} |\widehat{\mu}_{\rho,q}(\xi + \lambda)|^2 \leqslant 1, \quad (\xi \in \mathbb{R}). \tag{3.2.14}$$

固定 $|\xi| < \delta$. 若 $\lambda \in p_1 \Lambda_{M,N}^n$, 则 $\rho^{-(M+N)n} \lambda \in T(\rho^{M+N}, p_1 \mathcal{G}_{M,N})$. 因此,

$$\frac{\xi + \lambda}{\rho^{(M+N)n}} \in (T(\rho^{M+N}, p_1 \mathcal{G}_{M+N}))_\delta.$$

利用引理 3.2.5,

$$|\widehat{\mu}_{\rho,q}(\xi + \lambda)|^2 = |\widehat{\nu}_n(\xi + \lambda)|^2 \left| \widehat{\mu}_{\rho,q} \left(\frac{\xi + \lambda}{\rho^{(M+N)n}} \right) \right|^2 \geqslant \varepsilon |\widehat{\nu}_n(\xi + \lambda)|^2.$$

不等式两边对 $\lambda \in p_1 \Lambda_{M,N}$ 求和, 由式 (3.2.14) 可得

$$1 \geqslant \sum_{\lambda \in p_1 \Lambda_{M,N}} \varepsilon |\widehat{\nu}_n(\xi + \lambda)|^2 \quad (|\xi| < \delta).$$

因此, 常数 $1/\varepsilon$ 是函数 $|\widehat{\nu}_n|$ 的控制函数. 根据控制收敛定理和式 (3.2.13) 可得

$$\sum_{\lambda \in p_1 \Lambda_{M,N}} |\widehat{\mu}_{\rho,q}(\xi + \lambda)|^2 = 1, \quad (|\xi| < \delta).$$

根据定理 1.2.1, 集合 $p_1 \Lambda_{M,N}$ 构成谱测度 $\mu_{\rho,q}$ 的一个谱. 定理 3.2.1 (ii) 得证. □

特别地, 定理 3.2.1 给出谱特征值取整数时候的刻画.

定理 3.2.2 假设 $\rho = qr$ 是正整数并且 $q, r \geqslant 2$, 则满足条件 $\gcd(p, q) = 1$ 的整数 p 均是谱测度 $\mu_{\rho,q}$ 的谱特征值, 即存在离散集合 Λ, 使得 $\Lambda, p\Lambda$ 均构成测度 $\mu_{\rho,q}$ 的谱.

更一般地, 可得如下定理.

定理 3.2.3　假设 $\rho = qr$ 是整数并且 $q, r \geqslant 2$. 若整数 $p_1, \cdots, p_n$ 满足条件 $\gcd(p_i, q) = 1$, 对于所有的 $1 \leqslant i \leqslant n$ 均成立, 则存在公共离散集合 Λ, 使得 $\Lambda, p_1 \Lambda, \cdots, p_n \Lambda$ 均构成测度 $\mu_{\rho, q}$ 的谱.

下述结果是定理 3.1.2 的一个直接推论.

定理 3.2.4　假设 p 是一个整数, 且令 $\rho = qr$ 为正整数使得 $q, r \geqslant 2$, 则 p 是 $\mu_{\rho, q}$ 的一个谱特征值, 当且仅当 $\gcd(p, q) = 1$.

3.3　随机谱的刻画

本节的主要目标是证明定理 3.3.2. 它将作为工具来证明定理 3.1.3, 即刻画连续型数字集生成的 Cantor 谱测度的谱特征子空间.

在本节中, 总假设 $R \geqslant 2$ 是一个正整数, $C_1, C_2, \cdots, C_N$ 是有限多个具有相同个数的整数子集并且 $0 \in C_i$, $i = 1, 2, \cdots, N$, 其中 $N \in \mathbb{N}$. 给定一个无穷词 $w = w_0 w_1 w_2 \cdots \in \{1, 2, \cdots, N\}^{\mathbb{N}}$, 定义 Moran 迭代函数系统

$$\{f_{j, c_j}(x) = R^{-1}(x + c_j) : c_j \in C_{w_j}, j \in \mathbb{N}_+\}, \tag{3.3.1}$$

和它的对偶迭代函数系统

$$\{\tau_{j, c_j}(x) = Rx + c_j : c_j \in C_{w_j}, j \in \mathbb{N}_+\}. \tag{3.3.2}$$

定理 3.3.1 表明式 (3.3.1) 中的 Moran 迭代函数系统 $\{f_{j, c_j}\}_{j=1}^N$ 生成一个支撑在 Moran 紧集 $T_w(R, \{C_j\}_{j=1}^N)$ 上的 Moran 测度 $\mu_w(R, \{C_j\}_{j=1}^N)$.

定理 3.3.1　给定一个无穷词 $w = w_0 w_1 w_2 \cdots \in \{1, 2, \cdots, N\}^{\mathbb{N}}$ 和形如式 (3.3.1) 的 Moran 迭代函数系统 $\{f_{j, c_j}\}_{j=1}^N$, 则如下离散测度

$$\mu_n := \delta_{R^{-1} C_{w_{n-1}}} * \delta_{R^{-2} C_{w_{n-2}}} * \cdots * \delta_{R^{-n} C_{w_0}} \quad (n \in \mathbb{N}_+)$$

在弱 $*$ 拓扑下收敛到唯一的 Borel 概率测度 $\mu_w(R, \{C_j\}_{j=1}^N)$, 其支撑集为紧集

$$T_w(R, \{C_j\}_{j=1}^N) := \mathrm{Cl}\left\{\sum_{j=1}^n R^{-j} c_{n-j} : c_{n-j} \in C_{w_{n-j}}, n \in \mathbb{N}_+\right\}. \tag{3.3.3}$$

此处, 记号 $\mathrm{Cl}(A)$ 表示集合 A 的闭包.

证明　**第 1 步**　证明紧集 $T_w(R, \{C_j\}_{j=1}^N)$ 的存在性. 因为 $R^{-1} < 1$, 所以

$$|f_{j,c_j}(x) - f_{j,c_j}(0)| \leqslant R^{-1}|x| \qquad (j \in \mathbb{N}, c_j \in C_{w_j}). \tag{3.3.4}$$

令

$$r = \frac{1}{1 - R^{-1}} \max\left\{|f_c(0)| : c \in \bigcup_{j=1}^N C_j\right\}. \tag{3.3.5}$$

注意到对于任意的 $x \in [-r, r]$, 由式 (3.3.4) 可得

$$|f_{j,c_j}(x)| \leqslant \rho|x| + |f_{j,c_j}(0)| \leqslant R^{-1}r + (1 - R^{-1})r = r.$$

故如下包含关系成立:

$$f_{j,c_j}([-r, r]) \subseteq [-r, r], \qquad (c_{n-j} \in C_{w_{n-j}}, \ n \in \mathbb{N}_+).$$

采用记号 $f_{n,c_n} \circ f_{n-1,c_{n-1}} \circ \cdots \circ f_{0,c_0}$ 表示映射 $\{f_{j,c_j} : c_j \in C_{w_j}, 0 \leqslant j \leqslant n\}$ 的复合. 根据紧集的有限交性质, 集合

$$\bigcap_{n \in \mathbb{N}} \bigcup_{\{c_j \in C_{w_j}, 0 \leqslant j \leqslant n\}} f_{n,c_n} \circ f_{n-1,c_{n-1}} \circ \cdots \circ f_{0,c_0}([-r, r]) \tag{3.3.6}$$

是一个紧集, 记该集合为 $T_w(R, \{C_j\}_{j=1}^N)$.

第 2 步　下证对于任意的具有紧支撑的复值连续函数 $f \in C_c(\mathbb{R})$, 序列

$$\left\{\mu_n(f) := \int_{\mathbb{R}^d} f \, \mathrm{d}\mu_n\right\}_{n \in \mathbb{N}_+}$$

是一个 Cauchy 序列. 故对于任意的 $f \in C_c(\mathbb{R})$, 函数列 $\{\mu_n(f)\}_{n \in \mathbb{N}}$ 的极限存在. 事实上, 对于任意的 $f \in C_c(\mathbb{R})$ 和 $p > q > 1$,

$$|\mu_p(f) - \mu_q(f)|$$

$$= \left| \frac{1}{(\#D)^p} \sum_{x \in \sum\limits_{j=1}^p R^{-j}C_{p-j}} f(x) - \frac{1}{(\#D)^q} \sum_{x \in \sum\limits_{j=1}^q R^{-j}C_{q-j}} f(x) \right|$$

$$= \left| \frac{1}{(\#D)^p} \sum_{\substack{c_{p-j} \in C_{p-j} \\ j=1,2,\cdots,p}} f\left(\sum_{j=1}^p R^{-j}c_{p-j}\right) - \frac{1}{(\#D)^q} \sum_{\substack{c_{q-j} \in C_{q-j} \\ j=1,2,\cdots,q}} f\left(\sum_{j=1}^q R^{-j}c_{q-j}\right) \right|$$

$$= \left| \frac{1}{(\#D)^p} \sum_{\substack{c_{p-j} \in C_{p-j} \\ j=1,2,\cdots,p}} f\left(\sum_{j=1}^p R^{-j}c_{p-j}\right) - \right.$$

$$\left. \frac{\sum\limits_{c_{q-j} \in C_{q-j}, j=q+1,\cdots,p} 1}{(\#D)^p} \sum_{\substack{c_{q-j} \in C_{q-j} \\ j=1,2,\cdots,q}} f\left(\sum_{j=1}^q R^{-j}c_{q-j}\right) \right|$$

$$= \left| \frac{1}{(\#D)^p} \sum_{\substack{c_{p-j} \in C_{p-j} \\ j=1,2,\cdots,p}} \left(f\left(\sum_{j=1}^p R^{-j}c_{p-j}\right) - f\left(\sum_{j=1}^q R^{-j}c_{q-j}\right) \right) \right|. \tag{3.3.7}$$

注意到若 $c_{p-1} = c_{q-1}, c_{p-2} = c_{q-2}, \cdots c_{p-q} = c_0$, 则

$$\left| \sum_{j=1}^p R^{-j}c_{p-j} - \sum_{j=1}^q R^{-j}c_{q-j} \right| = \left| \sum_{j=q+1}^p R^{-j}c_{n-j} \right| \leqslant \sum_{j=q+1}^p R^{-j}M, \tag{3.3.8}$$

其中,

$$M := \{|c| : c \in C_j \ j = 1, 2, \cdots, N\}.$$

因为 $R^{-1} < 1$, 集合 $T_w(R, \{C_j\}_{j=1}^N)$ 是一个紧集并且

$$\sum_{j=1}^n R^{-j}c_{n-j} \in T_w(R, \{C_j\}_{j=1}^N),$$

故根据式 (3.3.7)、式(3.3.8) 和 f 在紧集 $T_w(R, \{C_j\}_{j=1}^N)$ 上的一致连续性可得, $\{\mu_n(f)\}_{n\in\mathbb{N}}$ 是一个 Cauchy 列.

第 3 步 由第 2 步, 可定义

$$J(f) = \lim_{n\to\infty} \int_{\mathbb{R}} f(x) \, \mathrm{d}\mu_n(x) \quad (f \in C_c(\mathbb{R})).$$

显然, $J(1) = 1$ 且 J 是一个正线性泛函 (即 $J(f) \geqslant 0$ 若 $f \geqslant 0$). 因此, 根据 Riesz 表示定理 (例如, 参见文献 [56] 的定理 2.14), 存在唯一的 Borel 概率测

度, 记为 $\mu_w(R, \{C_j\}_{j=1}^N)$, 使得

$$J(f) = \int_{\mathbb{R}} f(x) \, \mathrm{d}\mu_w(R, \{C_j\}_{j=1}^N)(x) \quad (f \in C_c(\mathbb{R})).$$

即测度 $\mu_w(R, \{C_j\}_{j=1}^N)$ 是离散测度列 $\{\mu_n\}$ 的弱 $*$ 极限. □

容易验证离散集

$$\Lambda_w(R, \{C_j\}_{j=1}^N) = C_{w_0} + RC_{w_1} + R^2 C_{w_2} + \cdots \tag{3.3.9}$$

是由式 (3.3.2) 的 Moran 迭代函数系统经由如下复合映射

$$\tau_{0,c_0} \circ \tau_{1,c_1} \circ \cdots \circ \tau_{n,c_n}(0), \quad (n \in \mathbb{N})$$

对 $n \to \infty$ 取极限得到.

定理 3.3.2 给出一个充分条件保证对于所有的无穷词 $w \in \{1, 2, \cdots, N\}^{\mathbb{N}}$, 集合 $\Lambda_w(R, \{C_j\}_{j=1}^N)$ 均构成测度 $\mu_{R,D}$ 的谱.

定理 3.3.2 令 $R \geqslant 2$ 为正整数, D, C_j 为 $\mathbb{Z}$ 的有限子集使得 $0 \in C_j$, 且对于每一个 $j = 1, 2, \cdots, N$, 均有 $(R^{-1}D, C_j)$ 构成一个相容对. 对于任一个无穷词 $w = w_0 w_1 w_2 \cdots \in \{1, 2, \cdots, N\}^{\mathbb{N}}$, 定义 $T_w(R, \{C_j\}_{j=1}^N)$ 如式 (3.3.3) 所示. 若

$$\mathcal{Z}(\widehat{\mu}_{R,D}) \cap T_w(R, \{C_j\}_{j=1}^N) = \varnothing, \tag{3.3.10}$$

则如式 (3.3.9) 所示集合 $\Lambda_w(R, \{C_j\}_{j=1}^N)$ 均构成测度 $\mu_{R,D}$ 的谱.

证明 **第 1 步** $\Lambda_w(R, \{C_j\}_{j=1}^N)$ 的正交性.

对于每一个 $n \in \mathbb{N}$, 定义

$$\nu_n = \delta_{R^{-1}D} * \delta_{R^{-2}D} * \cdots \delta_{R^{-n}D},$$

$$\Lambda_w^n(R, \{C_j\}_{j=1}^N) = C_{w_0} + RC_{w_1} + \cdots + R^{n-1} C_{w_{n-1}}.$$

由相容对性质 (命题 1.4.1), $(\nu_n, \Lambda_w^n(R, \{C_j\}_{j=1}^N))$ 构成相容对. 这等价于

$$\sum_{\lambda \in \Lambda_w^n(R, \{C_j\}_{j=1}^N)} |\widehat{\nu}_n(\xi + \lambda)|^2 = 1, \quad (\xi \in \mathbb{R}). \tag{3.3.11}$$

故 $\Lambda_w^n(R, \{C_j\}_{j=1}^N)$ 构成测度 ν_n 的一个正交集, 即

$$\Lambda_w^n(R, \{C_j\}_{j=1}^N) - \Lambda_w^n(R, \{C_j\}_{j=1}^N) \subseteq \mathcal{Z}(\widehat{\nu}_n) \cup \{0\}.$$

注意到

$$\Lambda_w(R, \{C_j\}_{j=1}^N) = \bigcup_{n=1}^\infty \Lambda_w^n(R, \{C_j\}_{j=1}^N) \quad \text{且} \quad \mathcal{Z}(\widehat{\mu}_{R,D}) = \bigcup_{n=1}^\infty \mathcal{Z}(\widehat{\nu}_n).$$

因此, $\Lambda_w(R, \{C_j\}_{j=1}^N)$ 构成测度 $\mu_{R,D}$ 的一个正交集.

第 2 步　$\Lambda_w(R, \{C_j\}_{j=1}^N)$ 的完备性.

因为 $\widehat{\mu}_{R,D}$ 是一个连续函数, 并且 $\mathcal{Z}(\widehat{\mu}_{R,D}) \cap T_w(R, \{C_j\}_{j=1}^N) = \varnothing$, 因此, 存在两个正数 $\varepsilon, \delta > 0$ 使得

$$\mathrm{dist}(\mathcal{Z}(\widehat{\mu}_{R,D}), T_w(R, \{C_j\}_{j=1}^N)) > \delta,$$

并且 $|\widehat{\mu}_{R,D}(\xi)|^2 > \varepsilon$ 对于所有的

$$\xi \in \{x \in \mathbb{R} : \mathrm{dist}(\mathcal{Z}(\widehat{\mu}_{R,D}), T_w(R, \{C_j\}_{j=1}^N)) < \delta/2\}$$

均成立.

固定 $\xi \in (-\delta/2, \delta/2)$. 应用 Bessel 不等式于正交集 $\Lambda_w(R, \{C_j\}_{j=1}^N)$ 可得

$$\sum_{\lambda \in \Lambda_w(R, \{C_j\}_{j=1}^N)} |\widehat{\mu}_{R,D}(\xi + \lambda)|^2 \leqslant 1, \quad (\xi \in (-\delta/2, \delta/2)). \tag{3.3.12}$$

注意到对于任意的 $\lambda \in \Lambda_w^n(R, \{C_j\}_{j=1}^N)$ 有

$$R^{-n}\lambda \in R^{-n}(C_{w_0} + RC_{w_1} + \cdots + R^{n-1}C_{w_{n-1}}) \subseteq T_w(R, \{C_j\}_{j=1}^N).$$

因此,

$$|\mu_{R,D}(\xi + \lambda)|^2 = |\nu_n(\xi + \lambda)|^2 |\mu_{R,D}(R^{-n}(\xi + \lambda))|^2 \geqslant \varepsilon |\nu_n(\xi + \lambda)|^2. \tag{3.3.13}$$

根据式 (3.3.11)、式(3.3.12) 和式 (3.3.13), 利用 Lebesgue 控制收敛定理可得

$$\sum_{\lambda \in \Lambda_w(R, \{C_j\}_{j=1}^N)} |\widehat{\mu}_{R,D}(\xi + \lambda)|^2 = 1, \quad (\xi \in (-\delta/2, \delta/2)).$$

根据定理 1.2.1, 这就完成了定理 3.3.2 的证明.　　　　　　　　$\square$

注3.3.1 定理 3.3.1 中的测度和集合分别被称作 Moran 测度和 Moran 集. 该证明过程可以帮助理解 Moran 集 $T_w(R, \{C_j\}_{j=1}^N)$ (见 (3.3.3)) 和离散集 $\Lambda_w(R, \{C_j\}_{j=1}^N)$ (见式 (3.3.9)) 的对偶关系.

根据定理 3.3.2, 可以构造伯努利卷积谱测度 μ_{2k} 的新谱.

例 3.3.1 令 $k \in \mathbb{N} \setminus \{0, 1, 2\}$, $D = \{-1, 1\}$, 设 $C_1, C_2, \cdots, C_N$ 为包含于集合

$$\{-(2k-1), \cdots, -1, 0, 1, \cdots, 2k-1\}$$

的具有相同个数的有限数字集, 且对于 $j = 1, 2, \cdots, N$ 均有 $0 \in C_j$, $(R^{-1}D, C_j)$ 构成相容对, 则对于任意的无穷词 $w = w_0 w_1 w_2 \cdots \in \{1, 2, \cdots, N\}^{\mathbb{N}}$, 集合

$$\Lambda_w(2k, \{C_j\}_{j=1}^N) = C_{w_0} + 2k C_{w_1} + (2k)^2 C_{w_2} + \cdots$$

均构成伯努利卷积 μ_{2k} 的谱.

证明 根据定理 3.3.2, 只需要验证式 (3.3.10) 中条件即可, 其中 $R = 2k$. 事实上,

$$\mathcal{Z}(\widehat{\mu}_{2k}) = \bigcup_{j=1}^{\infty} (2k)^j \frac{2\mathbb{Z} + 1}{4},$$

并且集合 $T_w(2k, \{C_j\}_{j=1}^N)$ 中的元素均小于或者等于

$$(2k-1)((2k)^{-1} + (2k)^{-2} + \cdots) = 1,$$

并且大于等于 -1, 故 $T_w(2k, \{C_j\}_{j=1}^N) \subseteq [-1, 1]$. 由条件 $k > 2$ 可知

$$\mathcal{Z}(\widehat{\mu}_{2k}) \cap T_w(2k, \{C_j\}_{j=1}^N) = \varnothing.$$

这就完成了该例的证明. □

作为定理 3.3.2 的其他应用, 我们也可以构造测度 μ_4 的新谱.

例 3.3.2 令 $C_1 = \{0, 1\}$, $C_2 = \{0, -1\}$, $C_3 = \{0, 7\}$, $C_4 = \{0, -7\}$, 则对于任意的无穷词 $w = w_0 w_1 w_2 \cdots \in \{1, 2, 3, 4\}^{\mathbb{N}}$, 集合

$$\Lambda_w(4, \{C_j\}_{j=1}^4) := C_{w_0} + 4 C_{w_1} + 4^2 C_{w_2} + \cdots$$

构成测度 μ_4 的谱.

证明 容易验证对于任意的 $j = 1, 2, 3, 4$, 均有 $(4^{-1}\{0, 2\}, C_j)$ 构成相容对. 因此, 根据定理 3.3.2, 只需要验证

$$\mathcal{Z}(\widehat{\mu}_{4,\{0,2\}}) \cap T_w(4, \{C_j\}_{j=1}^4) = \varnothing. \tag{3.3.14}$$

事实上, 利用式 (3.3.5), 令 $f_i(x) = 4^{-1}(x + i), i \in \{0, \pm 1, \pm 7\}$ 和

$$r = \frac{1}{1 - 4^{-1}} \max\{|f_i(0)| : i \in \{0, \pm 1, \pm 7\}\} = 7/3.$$

则由式 (3.3.6) 中集合 $T_w(4, \{C_j\}_{j=1}^4)$ 的构造可知, 它属于如下四种情形之一.

$$T_w(4, \{C_j\}_{j=1}^4) \subseteq f_0(B(0, 7/3)) \cup f_1(B(0, 7/3)) = [-7/12, 7/12] \cup [-1/3, 5/6],$$

$$T_w(4, \{C_j\}_{j=1}^4) \subseteq f_0(B(0, 7/3)) \cup f_{-1}(B(0, 7/3)) = [-7/12, 7/12] \cup [5/6, -1/3],$$

$$T_w(4, \{C_j\}_{j=1}^4) \subseteq f_0(B(0, 7/3)) \cup f_7(B(0, 7/3)) = [-7/12, 7/12] \cup [7/6, 7/3],$$

$$T_w(4, \{C_j\}_{j=1}^4) \subseteq f_0(B(0, 7/3)) \cup f_{-7}(B(0, 7/3)) = [-7/12, 7/12] \cup [-7/3, -7/6].$$

结合

$$\mathcal{Z}(\widehat{\mu}_{4,\{0,2\}}) = \bigcup_{j=0}^{\infty} 4^j (2\mathbb{Z} + 1),$$

完成了式 (3.3.14) 的证明. □

3.4 谱特征子空间的刻画

本节刻画连续型数字集生成的 Cantor 谱测度 $\mu_{\rho,q}$ 的同一谱特征值的谱特征子空间, 并证明定理 3.1.3. 根据定理 3.1.2, 本节总假设 $\rho > q$ 且 $\rho \in q\mathbb{N}$, 并用记号 $\mathrm{Card}(A)$ 表示集合 A 的个数, $c = \mathrm{Card}(\mathbb{R})$ 表示连续势.

基于定理 3.2.4, 本节首先给出谱特征值取整数时, 其谱特征子空间的刻画.

定理 3.4.1 若整数 $p \in \mathbb{Z}$ 满足 $\gcd(p, q) = 1$, 则集合

$$\mathcal{A}_p := \{\Lambda \subseteq \mathbb{R} : \Lambda \text{ 和 } p\Lambda \text{ 均是 } \mu_{\rho,q} \text{ 的谱, 其中 } 0 \in \Lambda\}$$

具有连续势, 即 $\mathrm{Card}(\mathcal{A}_p) = c$.

证明 先证 $\mathrm{Card}(\mathcal{A}_p) \leqslant c$. 注意到 $\widehat{\mu}_{\rho,q}$ (见式 (3.2.1)) 的零点集是

$$\mathcal{Z}(\widehat{\mu}_{\rho,q}) = \bigcup_{k=0}^{\infty} \rho^k r(\mathbb{Z} \setminus q\mathbb{Z}), \quad 其中 \quad \rho = qr.$$

更进一步, 若 $\Lambda \in \mathcal{A}_p$, 则 Λ 的正交性等价于

$$\Lambda - \Lambda \subseteq \mathcal{Z}(\widehat{\mu}_{\rho,q}) \cup \{0\}.$$

由于 $0 \in \Lambda$ 可得

$$\Lambda \subseteq \mathcal{Z}(\widehat{\mu}_{\rho,q}) \cup \{0\} \subseteq \mathbb{Z},$$

即有 $\Lambda \in \mathcal{P}(\mathbb{Z})$, 其中 $\mathcal{P}(\mathbb{Z})$ 表示 $\mathbb{Z}$ 的幂集. 故而 $\mathcal{A}_p \subseteq \mathcal{P}(\mathbb{Z})$ 并且

$$\mathrm{Card}(\mathcal{A}_p) \leqslant \mathrm{Card}(\mathcal{P}(\mathbb{Z})) = c.$$

下证 $\mathrm{Card}(\mathcal{A}_p) \geqslant c$. 不失一般性, 根据引理 1.2.1, 只需要考虑如下正整数

$$p \in q\mathbb{N} + \{1, \cdots, q-1\}.$$

令 $C_0 := rD \cup (-rD)$, 其中 $\rho = qr$, 设 $T(\rho, pC_0 \cup (-pC_0))$ 是由迭代函数系统

$$\{\sigma(x) = \rho^{-1}(x + c) : c \in pC_0 \cup (-pC_0)\}$$

生成的吸引子. 注意到紧集 $T(\rho, pC_0 \cup (-pC_0))$ 和零点集 $\mathcal{Z}(\widehat{\mu}_{\rho,q})$ 均关于原点对称. 因此, 它们的交集的个数有且仅有偶数个. 令

$$\mathcal{A} := T(\rho, pC_0 \cup (-pC_0)) \cap \mathcal{Z}(\widehat{\mu}_{\rho,q}) = \{x_1, x_2, \cdots, x_m\}, \tag{3.4.1}$$

其中 $m \in 2\mathbb{N}$.

根据引理 3.2.3, 每一个点 $x \in T(\rho, pC_0 \cup (-pC_0))$ 均有唯一的 ρ 进制无穷展开式且是最终周期的. 因此, 对每个点 $x_i \in \mathcal{A}$, 存在整数 $m_i \in \mathbb{N}$ 和 $\ell_i \in \mathbb{N}$ 使得

$$x_i = p \sum_{j=1}^{m_i} c_{i,j} \rho^{-j} +$$

$$pp^{-m_i} \sum_{k=0}^{\infty} \left(c_{i,\, m_i+1} \rho^{-1} + c_{i,\, m_i+2} \rho^{-2} + \cdots + c_{i,\, m_i+\ell_i} \rho^{-\ell_i} \right) \rho^{-\ell_i k}, \tag{3.4.2}$$

其中 $c_{i,j} \in C_0 \cup -C_0$ 并且 $\{c_{i,\,m_i+1}, c_{i,\,m_i+2}, \cdots, c_{i,\,m_i+\ell_i}\}$ 均非零.

根据点 x_i 的最小周期循环节 "$c_{i,\,m_i+1}c_{i,\,m_i+2}\cdots c_{i,\,m_i+\ell_i}$", 上述 m 个点可以被分为如下至多三类:

(a) 对于每一个 $1 \leqslant i \leqslant s$, 点 x_i 的展开式中至少有一项 $c_{i,\,m_i+j} > 0$ 并且至少有一项 $c_{i,\,m_i+j'} < 0$, 其中 $1 \leqslant j, j' \leqslant \ell_i$;

(b) 对于每一个 $s+1 \leqslant i \leqslant s+t$, 点 x_i 的展开式中均有 $c_{i,\,m_i+j} \geqslant 0$ 对于所有的 $1 \leqslant j \leqslant \ell_i$ 均成立, 并且至少有一项 $c_{i,\,m_i+j} > 0$, 其中 $1 \leqslant j \leqslant \ell_i$;

(c) 对于每一个 $s+t+1 \leqslant i \leqslant m$, 点 x_i 的展开式中均有 $c_{i,\,m_i+j} \leqslant 0$ 对于所有的 $1 \leqslant j \leqslant \ell_i$ 均成立, 并且至少有一项 $c_{i,\,m_i+j} < 0$, 其中 $1 \leqslant j \leqslant \ell_i$.

令 $M = \max\{\ell_i : 1 \leqslant i \leqslant s+t\}$ 且 $N = \max\{\ell_i : s+t+1 \leqslant i \leqslant m\}$. 给定任意的一个无穷词 $w = w_0 w_1 w_2 \cdots \in \{-1, 1\}^{\mathbb{N}}$. 定义

$$\mathcal{G}_{M,N} := -(C_0 + \rho C_0 + \cdots + \rho^{M-1} C_0) + (\rho^M C_0 + \cdots + \rho^{M+N-1} C_0),$$

且

$$\mathcal{G}_{M,N,i} := w_i C_0 + \rho \mathcal{G}_{M,N}.$$

接下来定义

$$\begin{aligned}
\Lambda_{M,N,w} &= \bigcup_{i=0}^{\infty} p\left(\mathcal{G}_{M,N,0} + \rho^{M+N+1} \mathcal{G}_{M,N,1} + \cdots + \rho^{(M+N+1)i} \mathcal{G}_{M,N,i}\right) \\
&= p\left\{\sum_{k=0}^{\infty} \iota(k) \rho^k c_k : c_k \in C_0, k \in \mathbb{N}\right\},
\end{aligned} \tag{3.4.3}$$

其中 ι 是定义在 $\mathbb{N}$ 上的一个取值为 $\{1, -1\}$ 的函数, 并且满足

$$\iota(k) = \begin{cases} w_i, & \text{若 } k \in (M+N+1)i, i \in \mathbb{N}, \\ -1, & \text{若 } k \in \{1, 2, \cdots, M\} + (M+N+1)\mathbb{N}, \\ 1, & \text{若 } k \in M + \{1, 2, \cdots, N\} + (M+N+1)\mathbb{N}. \end{cases}$$

容易验证若 $\gcd(p, q) = 1$, 则 $pC_0 \equiv C_0 \pmod{b}$, 故 $(\rho^{-1}D, pC_0)$ 构成一个相容对. 由定理 3.3.2 的证明过程可知, $\Lambda_{M,N,w}$ 构成测度 $\mu_{\rho,q}$ 的一个正交集.

接下来将证明

断言 1 对于任意的无穷词 $w \in \{-1,1\}^{\mathbb{N}}$, 式 (3.4.3) 中所示集合 $\Lambda_{M,N,w}$ 均构成测度 $\mu_{\rho,q}$ 的一个谱.

证明 注意到对于任意的 $w \in \{-1,1\}^{\mathbb{N}}$, 均有

$$
\mathcal{G}_{M,N,i} = \begin{cases} C_0 + \rho \mathcal{G}_{M,N}, & \text{若 } w_i = 1, \\ -C_0 + \rho \mathcal{G}_{M,N}, & \text{若 } w_i = -1. \end{cases}
$$

应用定理 3.3.1 于如下集合

$$
C_1 := p(C_0 + \rho \mathcal{G}_{M,N}) \qquad \text{且} \qquad C_2 := p(-C_0 + \rho \mathcal{G}_{M,N}).
$$

更精确地, 如定理 3.3.1 证明可知, Moran 迭代函数系统

$$
\{\sigma_{i,g_i}(x) := \rho^{-(M+N+1)}(x + pg_i) : g_i \in \mathcal{G}_{M,N,i}\}
$$

经映射

$$
\{\sigma_{n,\,g_n} \circ \sigma_{n-1,\,g_{n-1}} \circ \cdots \circ \sigma_{0,\,g_0} : n \in \mathbb{N}\}
$$

可以生成一个 Moran 集合 $T(\rho^{M+N+1}, p\mathcal{G}_{M,N,i})$ (如式 (3.3.6) 所示). 根据定理 3.3.1 和 $\mathcal{G}_{M,N,i}$ 的定义可知

$$
\begin{aligned}
& T(\rho^{M+N+1}, p\mathcal{G}_{M,N,i}) \\
&= \mathrm{Cl}\left\{p \sum_{i=1}^{n} \rho^{-(M+N+1)i} g_{n-i} : g_{n-i} \in G_{M,N,n-i}, n \in \mathbb{N}_+\right\} \\
&= \mathrm{Cl}\left\{p \sum_{k=1}^{n} \tau(k)\rho^{-k} c_k : c_k \in C_0, n \in (M+N+1)\mathbb{N}_+\right\},
\end{aligned} \tag{3.4.4}
$$

其中 $\tau(k)$ 是定义在 $\mathbb{N}$ 上取值为 $\{1,-1\}$ 的函数并且满足

$$
\tau(k) = \begin{cases} 1, & \text{若 } k \in \{1,2,\cdots,N\} + (M+N+1)\mathbb{N}, \\ -1, & \text{若 } k \in N + \{1,2,\cdots,M\} + (M+N+1)\mathbb{N}, \\ -1\text{或}1, & \text{若 } k \in (M+N+1)(i+1), i \in \mathbb{N}. \end{cases} \tag{3.4.5}
$$

此处需要说明的是我们无法确定函数 τ 在位置 $(M + N + 1)\mathbb{N}$ 处的精确值. 这是因为若在式 (3.4.4) 等号右边括号中取 $n = (M + N + 1)m$, $m \in \mathbb{N}$, 则对于所有的 $i = 0, 1, \cdots, m - 1$ 均有

$$\tau((M + N + 1)(i + 1)) = w_{m-i}.$$

这意味着 τ 在这些位置处的精确值依赖于点 $x \in T(\rho^{M+N+1}, p\mathcal{G}_{M,N,i})$ 的 ρ 进制展开式的周期长度.

为完成断言 1 的证明, 需要如下断言 2.

断言 2　$\mathcal{A} \cap T(\rho^{M+N+1}, p\mathcal{G}_{M,N,i}) = \varnothing$.

证明　因为 $T(\rho^{M+N+1}, p\mathcal{G}_{M,N,i}) \subseteq T(\rho, \pm C)$, 紧集 $T(\rho, \pm C)$ 中每一个元素的 ρ 进制展开式是唯一的, 并且是无穷最终周期的, 那么式 (3.4.4) 和式 (3.4.5) 蕴含着每一个点 $x \in T(\rho^{M+N+1}, p\mathcal{G}_{M,N,i})$ 均具有如下无穷 ρ 进制展开式

$$x = p \sum_{j=1}^{n} c_j \rho^{-j} + p\rho^{-n} \sum_{k=0}^{\infty} \left(c_{n+1}\rho^{-1} + c_{n+2}\rho^{-2} + \cdots + \right. \tag{3.4.6}$$

$$\left. c_{n+M+N+1}\rho^{-(M+N+1)} \right) \rho^{-(M+N+1)k},$$

其中 $n \in (M + N + 1)\mathbb{N}$ 且 $c_{n+j} \in C_0 \cup -C_0, 1 \leqslant j \leqslant M + N + 1$, 满足

$$c_{n+j} \in \begin{cases} C_0, & \text{若 } j \in \{1, 2, \cdots, N\}, \\ -C_0, & \text{若 } j \in N + \{1, 2, \cdots, M\}, \\ C_0 \cup -C_0, & \text{若 } j = M + N + 1. \end{cases} \tag{3.4.7}$$

接下来推导 $x \notin \mathcal{A}$. 具体方式是通过比较式 (3.4.6) 中点的 ρ 进制展开式的周期词片段 "$c_{n+1}c_{n+2}\cdots c_{n+M+N+1}$" 和式 (3.4.2) 中点的 ρ 进制展开式的周期词片段 "$c_{i,\, m_i+1}c_{i,\, m_i+2}\cdots c_{i,\, m_i+\ell_i}$" 的异同.

注意到集合 $\mathcal{A}$ 中的点要么属于类 (a), 要么属于类 (b), 要么属于类 (c). 下面将分三种情况进行讨论.

(i) x 不属于类 (a). 事实上, 若 x 属于类 (a), 则根据类 (a) 的定义和 M 的选择可知, 式 (3.4.6) 中点 x 的 ρ 进制最终周期展开式

$$\{c_{n+1}\cdots c_{n+M+N+1}c_{n+1}\cdots c_{n+M+N+1}\cdots\}$$

中任意长度为 M 的片段中至少包含一项 $c_{n+j} > 0$, 并且至少包含一项 $c_{n+j'} < 0$, 其中 $j, j' \in \{1, 2, \cdots, M+N+1\}$. 但是, 由式 (3.4.7) 可知, $c_{n+j} \leqslant 0$ 对于所有的 $j \in N + \{1, 2, \cdots, M\}$ 均成立, 矛盾.

(ii) x 不属于类 (b). 该证明类似于 (i). 事实上, 若 x 属于类 (b), 则根据类 (b) 的定义和 M 的选择可知, 式 (3.4.6) 中点 x 的 ρ 进制最终周期展开式

$$\{c_{n+1} \cdots c_{n+M+N+1} c_{n+1} \cdots c_{n+M+N+1} \cdots\}$$

中任意长度为 M 的片段满足 $c_{n+j} \geqslant 0$, 对于所有的 $j \in \{1, 2, \cdots, M+N+1\}$ 均成立并且至少含有一项 $c_{n+j} > 0$. 然而, 由式 (3.4.7) 可知, $c_{n+j} \leqslant 0$ 对于所有的 $j \in N + \{1, 2, \cdots, M\}$ 均成立, 矛盾.

(iii) x 不属于类 (c). 该证明类似于 (i) 和 (ii). 事实上, 根据类 (c) 的定义和 N 的选择可知, 式 (3.4.6) 中点 x 的 ρ 进制最终周期展开式

$$\{c_{n+1} \cdots c_{n+M+N+1} c_{n+1} \cdots c_{n+M+N+1} \cdots\}$$

中任意长度为 $M+N$ 的片段满足 $c_{n+j} \leqslant 0$, 对于所有的 $j \in \{1, 2, \cdots, M+N+1\}$ 均成立并且至少含有一项 $c_{n+j} < 0$. 然而, 由式 (3.4.7) 可知, $c_{n+j} \geqslant 0$ 对于所有的 $j \in N + \{1, 2, \cdots, M\}$ 均成立, 矛盾.

此时, 由 $\mathcal{A}$ 的定义和条件 $T(\rho^{M+N+1}, p\mathcal{G}_{M,N,i}) \subseteq T(\rho, \pm C)$ 可知

$$\mathcal{A} \cap T(\rho^{M+N+1}, p\mathcal{G}_{M,N,i}) = \varnothing.$$

断言 2 得证. □

接下来继续证明断言 1. 结合断言 2 和条件

$$T(\rho^{M+N+1}, p\mathcal{G}_{M,N,i}) \subseteq T(\rho, pC_0 \cup (-pC_0)),$$

由式 (3.4.1) 可得

$$\mathcal{Z}(\widehat{\mu}_{\rho,q}) \cap T(\rho^{M+N+1}, p\mathcal{G}_{M,N,i}) = \varnothing.$$

根据定理 3.3.2, 集合 $\Lambda_{M,N,w}$ 构成测度 $\mu_{\rho,q}$ 的谱. 因此断言 1 得证. □

根据引理 3.2.2 (或例 2.2.3), 对于任意的无穷词 $u = u_0 u_1 \cdots \in \{-1, 1\}^{\mathbb{N}}$, 集合

$$\Lambda_u(\rho, C_0) := \left\{ \sum_{j=1}^{m} u_j \rho^{j-1} c_j : c_j \in C_0, u_j \in \{-1, 1\}, m \in \mathbb{N}_+ \right\} \tag{3.4.8}$$

均构成测度 $\mu_{\rho,q}$ 的谱. 特别地, 对于任意的 $w \in \{-1, 1\}^{\mathbb{N}}$, 集合 $p^{-1} \Lambda_{M,N,w}$ (见式 (3.4.3)) 构成测度 $\mu_{\rho,q}$ 的一个谱. 注意到

$$\mathcal{B}_p := \{ p^{-1} \Lambda_{M,N,w} : w \in \{-1, 1\}^{\mathbb{N}} \} \subseteq \mathcal{A}_p,$$

并且集合 $\mathcal{B}_p$ 具有连续势 c. 因此,

$$\mathrm{Card}(\mathcal{A}_p) \geqslant \mathrm{Card}(\mathcal{B}_p) = c.$$

定理 3.4.1 得证. □

接下来, 可调整定理 3.4.1 的证明适用于如下集合

$$(T(\rho, \pm p_1 C_0) \cup T(\rho, \pm p_2 C_0)) \cap \mathcal{Z}(\widehat{\mu}_{\rho,q})$$

(即代替式 (3.4.1) 中的集合), 其中 $\gcd(p_1, p_2) = 1$ 且 $\gcd(p_i, q) = 1$, $i = 1, 2$. 此处不加证明的陈述结果如下.

定理 3.4.2　若整数 $p_1, p_2 \in \mathbb{Z}$ 满足 $\gcd(p_i, q) = 1$, $i = 1, 2$ 且 $\gcd(p_1, p_2) = 1$, 则

$$\mathcal{A}_{p_1, p_2} := \{ \Lambda \subseteq \mathbb{R} : \Lambda, \ p_1 \Lambda \text{ 和 } p_2 \Lambda \text{ 均是 } \mu_{\rho,q} \text{ 的谱且 } 0 \in \Lambda \}$$

具有连续势, 即 $\mathrm{Card}(\mathcal{A}_{p_1, p_2}) = c$.

结合定理 3.4.2 和定理 3.1.2, 可得如下定理 3.4.3. 特别地, 定理 3.1.3 是定理 3.4.3 的特殊情形.

定理 3.4.3　假设 $p \in \mathbb{R}$, $\rho \in q\mathbb{N}$ 且 $\rho > q$, 则下述陈述等价.

(i) p 是谱测度 $\mu_{\rho,q}$ 的一个谱特征值.

(ii) $p = \dfrac{p_1}{p_2}$, 其中 p_1, p_2 和 q 是两两互素的整数.

(iii) $\mathrm{Card}(\{ \Lambda \subseteq \mathbb{R} : \Lambda \text{ 和 } p\Lambda \text{ 均是测度 } \mu_{\rho,q} \text{ 的谱且 } 0 \in \Lambda \}) = c$.

证明   由定理 3.1.2 知 (i) 与 (ii) 等价. 由谱特征值的定义显然有 (iii) ⟹ (i). 因此只需要证明 (ii) ⟹ (iii).

事实上, 由定理 3.4.1 的前半部分证明可知总有如下结论成立:

$$\text{Card}(\{\Lambda \subseteq \mathbb{R} : \Lambda \text{ 和 } p\Lambda \text{ 均是 } \mu_{\rho,q} \text{ 的谱且 } 0 \in \Lambda\}) \leqslant c.$$

更进一步, 若 (ii) 成立, 则由定理 3.4.2 推得

$$\text{Card}(\{\Lambda \subseteq \mathbb{R} : \Lambda \text{ 和 } p\Lambda \text{ 均是 } \mu_{\rho,q} \text{ 的谱且 } 0 \in \Lambda\})$$

$$\geqslant \text{Card}(\{p_2\Lambda \subseteq \mathbb{R} : p_1\Lambda, \ p_2\Lambda \text{ 均是 } \mu_{\rho,q} \text{ 的谱 且 } 0 \in \Lambda\}) \quad (\ p_1 = pp_2)$$

$$= \text{Card}(\{\Lambda \subseteq \mathbb{R} : p_1\Lambda, \ p_2\Lambda \text{ 均是 } \mu_{\rho,q} \text{ 的谱且 } 0 \in \Lambda\})$$

$$\geqslant \text{Card}(\mathcal{A}_{p_1,p_2}) = c.$$

定理得证. □

根据定理 3.4.3, 可得伯努利卷积谱测度的谱特征子空间刻画如下.

定理 3.4.4   假设 $1 < k \in \mathbb{N}$. 若 $p = \dfrac{p_1}{p_2}$, 其中 $p_1, p_2 \in 2\mathbb{Z}+1$ 且 $\gcd(p_1, p_2) = 1$, 则

$$\{\Lambda \subseteq \mathbb{R} : \Lambda \text{ 和 } p\Lambda \text{ 均是 } \mu_{2k} \text{ 的谱且 } 0 \in \Lambda\}$$

具有连续势.

证明   假设 $p = \dfrac{p_1}{p_2}$, 其中 $p_1, p_2 \in 2\mathbb{Z} + 1$ 且 $\gcd(p_1, p_2) = 1$. 应用定理 3.4.3 于 $\rho = 2k$ 和 $q = 2$, 可得

$$\text{Card}(\{\Lambda \subseteq \mathbb{R} : \Lambda \text{ 和 } p\Lambda \text{ 均是 } \mu_{2k,2} \text{ 的谱且 } 0 \in \Lambda\}) = c. \tag{3.4.9}$$

我们断言 (μ_{2k}, Λ) 是一个谱对, 当且仅当 $(\mu_{2k,2}, 2\Lambda)$ 是一个谱对, 其中 $\Lambda \subseteq \mathbb{R}$ 是一个离散集.

事实上, 简单计算可得

$$|\widehat{\mu}_{2k}(\xi)| = |\widehat{\mu}_{2k,2}(2\xi)|, \qquad (\xi \in \mathbb{R}).$$

因此

$$\sum_{\lambda \in \Lambda} |\widehat{\mu}_{2k}(\xi + \lambda)|^2 = \sum_{\lambda \in \Lambda} |\widehat{\mu}_{2k,2}(2\xi + 2\lambda)|^2, \qquad (\xi \in \mathbb{R}).$$

根据定理 1.2.1, 上述断言成立.

根据式 (3.4.9) 和上述断言, 命题 3.4.4 得证. □

由定理 2.1.3 的证明过程可知, (μ_{2k}, Λ) 是一个谱对, 当且仅当 (μ_{-2k}, Λ) 是一个谱对. 因此, 定理 3.4.4 实质上蕴含着如下结论成立.

定理 3.4.5　假设 $k \in \mathbb{Z} \backslash \{0, \pm 1\}$. 若 $p = \dfrac{p_1}{p_2}$, 其中 $p_1, p_2 \in 2\mathbb{Z}+1$ 且 $\gcd(p_1, p_2) = 1$, 则

$$\{\Lambda \subseteq \mathbb{R} : \Lambda \text{ 和 } p\Lambda \text{ 均是 } \mu_{2k} \text{ 的谱且 } 0 \in \Lambda\}$$

具有连续势.

如下命题给出整数 p 和 ρ 的简单条件, 使得集合 $\Lambda_u(\rho, C_0)$ (见式 (3.4.8)) 的扩张集

$$E(p\Lambda_u(\rho, C_0)) = \left\{ \sum_{j=1}^{m} p u_j \rho^{j-1} c_j : c_j \in C_0, u_j \in \{-1, 1\}, m \in \mathbb{N}_+ \right\}$$

仍然构成谱测度 $\mu_{\rho, q}$ 的谱. 这完成了 第 2 章定理 2.5.2 的简单推广.

定理 3.4.6　假设 $p \in \mathbb{N}$ 并且 $\gcd(p, q) = 1$. 若 $p < \dfrac{\rho - 1}{q - 1}$, 则对于任意的无穷词 $u \in \{-1, 1\}^{\mathbb{N}}$, 集合 $p\Lambda_u(\rho, C_0)$ 构成测度 $\mu_{\rho, q}$ 的谱.

证明　由 $\gcd(p, q) = 1$ 可知, $(\rho^{-1}D, qC_0)$ 构成相容对. 因此, 集合 $E(p\Lambda_u(\rho, C_0))$ 构成测度 $\mu_{\rho, q}$ 的一个正交集. 若证得

$$\mathcal{Z}(\widehat{\delta}_{\rho^{-1}D}) \cap T(\rho, pC_0 \cup (-pC_0)) = \varnothing, \tag{3.4.10}$$

则定理 2.2.3 保证定理 3.4.6 成立.

下面验证式 (3.4.10). 事实上, 因为

$$\mathcal{Z}(\widehat{\delta}_{\rho^{-1}D}) = r(\mathbb{Z} \backslash q\mathbb{Z}), \qquad \text{其中} \quad \rho = qr,$$

且

$$T(\rho, pC_0 \cup (-pC_0)) = \left\{ \sum_{j=1}^{\infty} \rho^{-j} c_j : c_j \in pC_0 \cup (-pC_0) \right\}$$

$$\subseteq \left[-\frac{pr(q-1)}{\rho - 1}, \frac{pr(q-1)}{\rho - 1} \right],$$

则由条件 $p < \dfrac{\rho-1}{q-1}$ 可知式 (5.3.7) 成立, 定理得证. □

注 3.4.1 假设 $\rho \in q\mathbb{N}$ 且 $D_1 = r\{0, 1, \cdots, q-1\}$, 则在弱 $*$ 拓扑意义下可定义如下 Cantor 测度

$$\mu_{\rho, D_1} := \delta_{\rho^{-1}D_1} * \delta_{\rho^{-2}D_1} * \cdots. \tag{3.4.11}$$

根据引理 1.3.1(ii), 测度 $\mu_{\rho,q}$ 和 μ_{ρ,D_1} 具有完全相同的谱性质. 具体地, $(\mu_{\rho,q}, \Lambda)$ 是一个谱对, 当且仅当 $(\mu_{\rho,D_1}, r^{-1}\Lambda)$ 是一个谱对. 因此, 本章关于谱测度 $\mu_{\rho,q}$ 的所有谱特征值或者谱特征子空间的所有结果 (例如, 定理 3.1.2、定理 3.4.3 等) 对于测度 μ_{ρ,D_1} 完全适用.

3.5　本章小结

本章主要结果完整确定由连续型数字集生成的 Cantor 谱测度 $\mu_{\rho,q}$ 的所有谱特征值 (定理 3.1.2), 并给出谱特征子空间的刻画 (定理 3.1.3 或定理 3.4.3). 这两个结果分别节选自作者与合作者的工作 [54,95]. 事实上, 由定理 3.1.2 的证明过程可知, 定理 3.1.2 本质上推广了定理 2.1.3. 第 4 章中通过发展定理 3.1.2 的证明技巧和方法可以完整确定在直线上一类含三个整元素数字集的广义 Cantor 谱测度的所有谱特征值, 参见定理 4.1.3.

若考虑 $\mu_{\rho,q}$ 的谱特征值取整数, 根据定理 3.1.2 (或者定理 3.2.4) 可知: 整数 p 是 $\mu_{\rho,q}$ 的谱特征值, 当且仅当 $\gcd(p, q) = 1$. 事实上, 自文献 [54] 发表后, 有专家学者开始研究谱测度 $\mu_{\rho,q}$ 的典范谱或者某一类谱的扩张性质, 并研究与其相关的谱特征值问题. 例如, 文献 [96-97] 等系统研究哪些整数 p 可以使得典范谱 $\Lambda(\rho, C_0)$ 的整扩张集合

$$p\Lambda(\rho, C_0) := p\left\{\sum_{j=1}^{m} \rho^{j-1}c_j : c_j \in C_0, m \in \mathbb{N}_+\right\}$$

构成测度 $\mu_{\rho,q}$ 的谱, 其中, $D = \{0, 1, \cdots, q-1\}$, $C_0 = rD$. 而文献 [98] 研究如下**公共谱特征值问题**: 假设 $w = w_1 w_2 \cdots$ 为 $\{-1, 1\}^{\mathbb{N}}$ 中的无穷词, 且

$$p\Lambda_w(\rho, C_0) := p\left\{\sum_{j=1}^{m} w_j \rho^{j-1} c_j : c_j \in C_0, w_j \in \{-1, 1\}, m \in \mathbb{N}_+\right\},$$

问哪些整数 p 使得对于所有的 w, 集合 $p\Lambda_w(\rho, C_0)$ 均构成测度 $\mu_{\rho,q}$ 的谱? 特别一提的是, 上述集合 $p\Lambda(\rho, C_0)$ 和 $p\Lambda_w(\rho, C_0)$ 的正交性质可由引理 3.2.1 保证, 因此只需研究其完备性即可. 截至目前, 上述问题并没有得到完全解决. 另外, 上述文献刻画给出的具体整数 p 确实满足定理 3.2.4 所给出的条件 $\gcd(p, q) = 1$.

由于本章和第 2 章重点关注作者和合作者发展起来的刻画 Cantor 型谱测度的谱特征值和谱特征值子空间的方法, 对谱测度理论中重要的谱标签和极大树映射方法未曾提及, 对该内容感兴趣的读者可阅读文献 [30]、[37]、[52] 等. 近几年, 专家学者们已可以完整刻画实直线上的其他谱测度的谱特征值, 并可以确定平面上含三个元素或者含四个元素的某些特殊自仿谱测度的谱特征矩阵, 详见文献 [99-102] 等.

第 4 章　含三元素数字集广义 Cantor 测度的谱性 及其谱测度的谱

4.1　引言和主要结果

如第 2 章和第 3 章所述, 文献 [29]、[31] 和 [28] 分别证得伯努利卷积测度 $\mu_\rho(\rho > 1)$ 是谱测度, 当且仅当 ρ 是一个偶数; 由连续型数字集生成的 Cantor 测度 $\mu_{\rho,q}(\rho > 1)$ 是谱测度, 当且仅当 $\rho \in q\mathbb{N}$; 若广义伯努利卷积 $\mu_{\rho,\{a_n,b_n\}}(\rho > 1)$ 是谱测度, 则存在正整数 $k \in \mathbb{N}_+$ 使得 $\rho = 2k$, 反之不成立.

在上述结果的启发下, 本章研究含三个整元素数字集生成的一类广义 Cantor 测度或者无穷卷积测度的谱性质. 具体地, 设 $\{a_n\}_{n=1}^\infty$, $\{b_n\}_{n=1}^\infty$ 与 $\{c_n\}_{n=1}^\infty$ 为三个整数列且具有一致的上界和下界, $0 < \rho < 1$. 在弱 $*$ 拓扑意义下, 如下概率测度

$$\mu_{\rho,\{a_n,b_n,c_n\}} = \delta_{\rho\{a_1,b_1,c_1\}} * \delta_{\rho^2\{a_2,b_2,c_2\}} * \delta_{\rho^3\{a_3,b_3,c_3\}} * \cdots \tag{4.1.1}$$

存在, 且其支撑集为

$$T(\rho, \{a_n, b_n, c_n\}) := \sum_{n=1}^\infty \rho^n \{a_n, b_n, c_n\}.$$

本章将首先刻画测度 $\mu_{\rho,\{a_n,b_n,c_n\}}$ 成为谱测度的充要条件.

定理 4.1.1　假设 $\{a_n, b_n, c_n\}_{n=1}^\infty$ 是一个整数序列, 使得 $\gcd(a_n - c_n, b_n - c_n) = 1$ 对于所有的 n 均成立, 且 $\sup_n\{|a_n|, |b_n|, |c_n|\} < \infty$, 则 $\mu_{\rho,\{a_n,b_n,c_n\}}$ 是一个谱测度, 当且仅当 $\{a_n - c_n, b_n - c_n\} \equiv \{1, 2\} \pmod 3$ 且 $\rho^{-1} \in 3\mathbb{N}$.

根据测度 $\mu_{\rho,\{a_n,b_n,c_n\}}$, 可类似地定义一个新测度 $\mu_{\rho,\{0,b_n-a_n,c_n-a_n\}}$. 给定一个离散集 $\Lambda \subseteq \mathbb{R}$, 容易验证

$$\sum_{\lambda \in \Lambda} |\widehat{\mu}_{\rho, \{a_n, b_n, c_n\}}(\xi + \lambda)|^2 = \sum_{\lambda \in \Lambda} |\widehat{\mu}_{\rho, \{0, b_n - a_n, c_n - a_n\}}(\xi + \lambda)|^2 \qquad (\xi \in \mathbb{R}).$$

根据定理 1.2.1, 测度 $\mu_{\rho, \{a_n, b_n, c_n\}}$ 与 $\mu_{\rho, \{0, b_n - a_n, c_n - a_n\}}$ 具有完全相同的谱性质. 因此, 若要证明定理 4.1.1, 只需研究如下无穷卷积测度

$$\mu_{\rho, \{0, a_n, b_n\}} = \delta_{\rho\{0, a_1, b_1\}} * \delta_{\rho^2\{0, a_2, b_2\}} * \delta_{\rho^3\{0, a_3, b_3\}} * \cdots \qquad (4.1.2)$$

的谱性质即可, 其中, $\{a_n\}_{n=1}^{\infty}$ 与 $\{b_n\}_{n=1}^{\infty}$ 是两个整数列且具有一致的上界及下界, 并且 $0 < \rho < 1$. 显然, 测度 $\mu_{\rho, \{0, a_n, b_n\}}$ 的支撑集为如下非空紧集合

$$T(\rho, \{0, a_n, b_n\}) := \sum_{n=1}^{\infty} \rho^n \{0, a_n, b_n\}.$$

故定理 4.1.1 等价于如下定理.

定理 4.1.2　假设 $\{a_n, b_n\}_{n=1}^{\infty}$ 是一个整数列, 使得 $\gcd(a_n, b_n) = 1$ 对于所有的正整数 n 均成立, 并且满足 $\sup_n\{|a_n|, |b_n|\} < \infty$, 则 $\mu_{\rho, \{0, a_n, b_n\}}$ 是一个谱测度, 当且仅当 $\{a_n, b_n\} \equiv \{1, 2\} \pmod{3}$ 且 $\rho^{-1} \in 3\mathbb{N}$.

定理 4.1.2 的充分性证明需要先通过相容对构造正交集, 然后再验证其完备性. 而定理 4.1.2 的必要性证明较为复杂, 需要证明测度 $\mu_{\rho, \{0, a_n, b_n\}}$ 在如下几种情形下不是谱测度.

- $\rho = \left(\dfrac{p}{q}\right)^{1/r}$ 是一个无理数, 其中 $r > 1$ (命题 4.3.1).

- $\rho \neq \left(\dfrac{p}{q}\right)^{1/r}$ 是一个无理数, 其中 $r > 1$ (命题 4.3.2).

- $\rho = \dfrac{p}{q}$ 是一个有理数并且 $\gcd(3, q) = 1$ (命题 4.4.1).

- $\rho = \dfrac{p}{q}$ 是一个有理数, $p > 1$ 并且 $q \in 3\mathbb{N}$ (命题 4.4.2).

如下结果将完整刻画定理 4.1.1 中谱测度的所有谱特征值.

定理 4.1.3　假设 p 是一个实数. 在定理 4.1.1 的假设下, 如下结论成立.

(i) 若 $\rho^{-1} = 3$, 则 $p = \pm 1$ 是谱测度 $\mu_{\rho, \{a_k, b_k, c_k\}}$ 的唯一的谱特征值;

(ii) 若 $\rho^{-1} > 3$, 则 p 是谱测度 $\mu_{\rho, \{a_k, b_k, c_k\}}$ 的谱特征值, 当且仅当 $p = \dfrac{p_1}{p_2}$, 其中 p_1, p_2 和 3 两两互素.

本章剩余节次安排如下: 4.2 节证明定理 4.1.2 的充分性; 4.3 节讨论定理 4.1.2 中压缩比例取无理数的情形 (命题 4.3.1 和命题 4.3.2); 4.4 节讨论定理 4.1.2 中压缩比例取有理数的情形 (命题 4.4.1 和命题 4.4.2); 4.5 节证明定理 4.1.3; 4.6 节给出本章小结.

4.2 定理 4.1.2 的充分性证明

令 $D := \{0, a, b\}$, $a, b \in \mathbb{Z} \setminus \{0\}$. 易知离散测度 δ_D 的傅里叶变换为

$$\widehat{\delta}_D(\xi) = \frac{1}{3}\left(1 + e^{-2\pi i a\xi} + e^{-2\pi i b\xi}\right).$$

容易验证

$$\widehat{\delta}_D(\xi) \neq 0, \text{ 当且仅当 } \{a, b\} \equiv \{1, 2\}(\text{mod } 3).$$

因此, 若存在某个 $\{a_n, b_n\}$, 使得 $\{a_n, b_n\} \equiv \{1, 2\}(\text{mod } 3)$ 不成立, 则测度 $\mu_{\rho,\{0,a_n,b_n\}}$ 的任意一个正交集 Λ 均是下述概率测度

$$\nu := \delta_{\rho\{0,a_1,b_1\}} * \cdots * \delta_{\rho^{n-1}\{0,a_{n-1},b_{n-1}\}} * \delta_{\rho^{n+1}\{0,a_{n+1},b_{n+1}\}} * \cdots$$

的正交集, 其中, $\mu_{\rho,\{0,a_n,b_n\}} = \nu * \delta_{\rho^n\{0,a_n,b_n\}}$. 因此, 根据引理 1.2.2, 集合 Λ 不是测度 $\mu_{\rho,\{0,a_n,b_n\}}$ 的谱. 基于此, 本章中总假设

$$D_n := \{0, a_n, b_n\} \equiv \{0, 1, 2\} \ (\text{mod } 3)$$

对于所有的 n 均成立, 并且用记号 $\mu_{\rho,\{D_n\}}$ 替代 $\mu_{\rho,\{0,a_n,b_n\}}$.

计算可得 $\widehat{\delta}_{D_n}$ 的零点集为

$$\mathcal{Z}(\widehat{\delta}_{D_n}) = 3^{-1}(3\mathbb{Z} + \{1, 2\}), \qquad (n \in \mathbb{N}_+), \tag{4.2.1}$$

故测度 $\mu_{\rho,\{D_n\}}$ 的傅里叶变换 $\widehat{\mu}_{\rho,\{D_n\}}$ 的零点集为

$$\mathcal{Z}(\widehat{\mu}_{\rho,\{D_n\}}) = \bigcup_{n=1}^{\infty} \mathcal{Z}(\widehat{\delta}_{\rho^n D_n}) = \bigcup_{n=1}^{\infty} \rho^{-n}3^{-1}(3\mathbb{Z} + \{1, 2\}).$$

定义 $C = \{0, -1, 1\}$. 容易验证对于每一个 $n \in \mathbb{N}_+$, 式 (1.4.1) 中矩阵 $H_{3^{-1}D_n, C}$ 是一个酉矩阵. 故对于任意的正整数 $k \in \mathbb{N}_+$, $H_{(3k)^{-1}D_n, kC}$ 是一个酉矩阵. 因此,

$((3k)^{-1}D_n, kC)$ 构成相容对. 定义

$$\Lambda(3k, kC) := \left\{ \sum_{n=1}^{m} (3k)^n c_n : c_n \in kC, \ 1 \leqslant n \leqslant m \right\}.$$

由命题 1.4.2, 集合 $\Lambda(3k, kC)$ 构成测度 $\mu_{(3k)^{-1}, \{D_n\}}$ 的一个正交集.

定理 4.1.2 的充分性证明　假设 $\{a_n, b_n\} \equiv \{1, 2\} \pmod 3$ 对于任意的 $n \in \mathbb{N}_+$ 成立, 且存在正整数 k 使得 $\rho^{-1} = 3k$. 因为 $\sup_n \{|a_n|, |b_n|\} < \infty$, 所以 $\{D_n\}_{n=1}^{\infty}$ 中存在有限多个互不相同的数字集, 记为 $D(1), D(2), \cdots, D(N)$. 简单计算可得

$$\mathcal{Z}(\widehat{\delta}_{(3k)^{-1}D(i)}) = k(\pm 1 + 3\mathbb{Z}) \quad (i = 1, 2, \cdots, N), \tag{4.2.2}$$

并且

$$T(3k, kC) = \left\{ \sum_{n=1}^{\infty} (3k)^{-n} c_n : c_n \in kC \right\} \subseteq \left[-\frac{k}{3k-1}, \frac{k}{3k-1} \right] \subseteq (-1, 1). \tag{4.2.3}$$

根据式 (4.2.2) 和式 (4.2.3), $\mathcal{Z}(\widehat{\delta}_{(3k)^{-1}D(i)}) \cap T(3k, C) = \varnothing$ 对于所有的 $i = 1, 2, \cdots, N$ 成立. 根据定理 2.2.2, 测度 $\mu_{(3k)^{-1}, \{D_n\}}$ 是一个谱测度. $\qquad\square$

4.3　定理 4.1.2 的必要性证明: $\rho \in \mathbb{Q}^c \cap (0, 1)$

本节总假设 $r \in \mathbb{N}_+$ 是一个正整数, 并且

$$\mathbb{Q}^r := \{ u^{1/r} : u \in \mathbb{Q} \cap (0, 1) \}.$$

4.3.1　$\rho \in \mathbb{Q}^r$ 是无理数

命题 4.3.1　若 $\rho \in \mathbb{Q}^r$ 是一个无理数, 则测度 $\mu_{\rho, \{D_n\}}$ 不是一个谱测度.

证明　首先, 假设 $\rho = \left(\dfrac{p}{q} \right)^{1/r}$, 其中 $p, q, r \in \mathbb{N}$ 满足 $(p, q) = 1$ 且 $p < q$, 则 ρ 在环 $\mathbb{Z}[x]$ 中的极小多项式是 $qx^r - p$. 对于 $i = 1, 2, \cdots, r$, 令

$$\nu_i = \delta_{\rho^i D_i} * \delta_{\rho^{i+r} D_{i+r}} * \delta_{\rho^{i+2r} D_{i+2r}} * \cdots.$$

则

$$\mu_{\rho,\{D_n\}} = \nu_1 * \nu_2 * \cdots * \nu_r,$$

并且测度 $\mu_{\rho,\{D_n\}}$ 的傅里叶变换是

$$\widehat{\mu}_{\rho,\{D_n\}}(\xi) = \prod_{i=1}^{r} \widehat{\nu}_i(\xi) = \prod_{i=1}^{r} \prod_{j=0}^{\infty} \widehat{\delta}_{D_{i+jr}}(\rho^{i+jr}\xi).$$

接下来采用反证法进行证明. 假设 $\mu_{\rho,\{D_n\}}$ 是一个谱测度且其谱 Λ 满足 $0 \in \Lambda$. 由 Λ 的正交性可得, 对于任意的 $\lambda_s \in \Lambda, s = 1, 2$, 有 $\widehat{\mu}_{\rho,\{D_n\}}(\lambda_s) = 0$. 故存在 $1 \leqslant i_s \leqslant r$ 和 $j_s \in \mathbb{N}$ 使得

$$\widehat{\delta}_{D_{i_s+j_s r}}(\rho^{i_s+j_s r}\lambda_s) = 0.$$

根据式 (4.2.1), 每个元素 λ_s 具有形式

$$\lambda_s = \rho^{-(i_s+j_s r)}\frac{a_s}{3}, \quad \text{其中 } a_s \in 3\mathbb{Z} + \{1, 2\}.$$

由 $\Lambda - \Lambda \subseteq \widehat{\mu}_{\rho,\{D_n\}} \cup \{0\}$ 可知, 存在 $1 \leqslant i \leqslant r, j \in \mathbb{N}$ 和 $a \in 3\mathbb{Z} + \{1, 2\}$ 使得

$$\lambda_1 - \lambda_2 = \rho^{-(i_1+j_1 r)}\frac{a_1}{3} - \rho^{-(i_2+j_2 r)}\frac{a_2}{3} = \rho^{-(i+jr)}\frac{a}{3}. \tag{4.3.1}$$

不妨假设 $j_1, j_2 \leqslant j$. 因此, 由式 (4.3.1) 可得

$$\rho^{i-i_1}\left(\frac{p}{q}\right)^{j-j_1} a_1 - \rho^{i-i_2}\left(\frac{p}{q}\right)^{j-j_2} a_2 = a.$$

注意到 ρ 在环 $\mathbb{Z}[x]$ 中的极小多项式是 $qx^r - p$. 因此 $i = i_1 = i_2$. 所以 Λ 是某一个测度 ν_i 的正交集. 根据引理 1.2.2, 集合 Λ 不是测度 $\mu_{\rho,\{D_n\}}$ 的谱. 该定理得证.

$\square$

4.3.2 $\rho \notin \mathbb{Q}^r$ 是无理数

命题 4.3.2 若 $\rho \notin \mathbb{Q}^r$ 是一个无理数, 则测度 $\mu_{\rho,\{D_n\}}$ 不是一个谱测度.

为了证明命题 4.3.2, 这里需要几个引理.

引理 4.3.1   假设离散集合 Λ 是测度 $\mu_{\rho,\{D_n\}}$ 的一个谱并且 $0 \in \Lambda$,

$$\Lambda_k = \Lambda \cap \{\rho^{-k}3^{-1}a : a \in 3\mathbb{Z} + \{1,2\}\}.$$

则 $\#\Lambda_k \leqslant 2$.

证明   采用反证法证明. 若 $\#\Lambda_k \geqslant 3$, 则存在 $\lambda_1, \lambda_2 \in \Lambda_k$ 和 $i \in \{1,2\}$, 使得 $\lambda_1, \lambda_2 \in \rho^{-k}3^{-1}(3\mathbb{Z} + i)$ 成立. 显然,

$$\lambda_1 - \lambda_2 \in \rho^{-k}\mathbb{Z}.$$

因此, $\lambda_1 - \lambda_2 \notin \mathcal{Z}(\widehat{\mu}_{\rho,\{D_n\}})$. 矛盾. 该引理得证.   □

引理 4.3.2   若 Λ 为测度 $\mu_{\rho,\{D_n\}}$ 的一个谱并且 $0 \in \Lambda$, 则 ρ 是一个代数整数, 即 ρ 是某个首一整系数多项式的根.

证明   假设 $\Lambda = \{\lambda_k\}_{k=0}^{\infty}$ 是测度 $\mu_{\rho,\{D_n\}}$ 的一个谱并且 $\lambda_0 := 0 \in \Lambda$. 由 Λ 的正交性可得 $\Lambda \subseteq \mathcal{Z}(\widehat{\mu}_{\rho,\{D_n\}}) \cup \{0\}$, 故每一个 λ_k 具有如下形式

$$\lambda_k = \rho^{-n_k}3^{-1}a_k, \ \text{其中} \ a_k \in 3\mathbb{Z} + \{1,2\}.$$

不妨假设 $n_k \leqslant n_{k+1}$ 对于所有的 k 成立. 固定 $\ell \in \mathbb{N}$, 则对于任意的 $k \geqslant \ell$, 有 $n_k \geqslant n_\ell$. 因此存在 $n_{k,\ell} \geqslant n_\ell$ 和 $a_{k,\ell} \in 3\mathbb{Z} + \{1,2\}$ 使得

$$\rho^{-n_k}\frac{a_k}{3} - \rho^{-n_\ell}\frac{a_\ell}{3} = \rho^{-n_{k,\ell}}\frac{a_{k,\ell}}{3}.$$

故存在一个多项式 $P(x) = a_\ell x^s + bx^t + c$ $(s > t \geqslant 0)$ 使得 $P(\rho) = 0$. 设

$$\varphi(x) = c_0 x^m + c_1 x^{m-1} + \cdots + c_m \in \mathbb{Z}[x]$$

是 ρ 在整数环 $\mathbb{Z}[x]$ 中的极小多项式, 则 $\varphi(x) \mid P(x)$ 并且 $c_0 \mid a_\ell$. 注意到 $a_\ell/c_0 \in 3\mathbb{Z} + \{1,2\}$, 所以 $\frac{1}{c_0}\lambda_\ell = \rho^{-n_\ell}3^{-1}\frac{a_\ell}{c_0} \in \mathcal{Z}(\widehat{\mu}_{\rho,\{D_n\}})$. 由 ℓ 的任意性得到

$$\frac{1}{c_0}\Lambda \setminus \{0\} \in \mathcal{Z}(\widehat{\mu}_{\rho,\{D_n\}}).$$

下证集合 $\frac{1}{c_0}\Lambda$ 构成测度 $\mu_{\rho,\{D_n\}}$ 的正交集, 即证

$$\frac{1}{c_0}(\Lambda - \Lambda) \setminus \{0\} \in \mathcal{Z}(\widehat{\mu}_{\rho,\{D_n\}}). \tag{4.3.2}$$

事实上, 对于任意互异元素 $\lambda_{k_1}, \lambda_{k_2} \in \Lambda$, 均存在整数 n_{k_1,k_2} 和 $a_{k_1,k_2} \in 3\mathbb{Z} + \{1, 2\}$ 使得

$$\lambda_{k_1} - \lambda_{k_2} = \rho^{-n_{k_1,k_2}} \frac{a_{k_1,k_2}}{3}.$$

根据引理 4.3.1, 存在正整数 $k \in \mathbb{N}$ 使得 $\min\{n_{k,k_1}, n_{k,k_2}\} > n_{k_1,k_2}$, 并且

$$\rho^{-n_{k_1,k_2}} \frac{a_{k_1,k_2}}{3} = (\lambda_{k_1} - \lambda_k) + (\lambda_{k_2} - \lambda_k) = \rho^{-n_{k,k_1}} \frac{a_{k,k_1}}{3} - \rho^{-n_{k,k_2}} \frac{a_{k,k_2}}{3}.$$

采用前述讨论可类似证明 $c_0 \mid a_{k_1,k_2}$, 并且 $a_{k_1,k_2}/c_0 \in 3\mathbb{Z} + \{1, 2\}$. 因此,

$$\frac{1}{c_0}(\lambda_{k_1} - \lambda_{k_2}) \in \mathcal{Z}(\widehat{\mu}_{\rho, \{D_n\}}).$$

故式 (4.3.2) 得证.

采用数学归纳法, 可证明对于所有的正整数 k 均有

$$\frac{1}{c_0^k}(\Lambda - \Lambda) \setminus \{0\} \subseteq \mathcal{Z}(\widehat{\mu}_{\rho, \{D_n\}}).$$

故 $c_0 = 1$. □

对于任意的 $x \in \mathbb{R}$, 采用记号 $\langle \cdot \rangle$ 表示点 x 离它最近整数之间的代数距离:

$$\langle x \rangle = \begin{cases} \{x\}, & \text{若 } \{x\} < \frac{1}{2}, \\ \{x\} - 1, & \text{若 } \frac{1}{2} \leqslant \{x\} < 1, \end{cases}$$

其中 $\{x\}$ 表示实数 x 的小数部分. 用符号 $\|x\|$ 表示点 x 与离它最近整数间的距离. 换言之,

$$\|x\| = \min\{|x - n| : n \in \mathbb{Z}\}.$$

显然, $\langle x \rangle \in \left[-\frac{1}{2}, \frac{1}{2} \right)$ 并且 $x - \langle x \rangle$ 是离 x 最近的整数.

引理 4.3.3 设 ρ 是多项式 $x^m + c_1 x^{m-1} + c_2 x^{m-2} + \cdots + c_m \in \mathbb{Z}[x]$ 的一个根, 则对于任意的 $a \in 3\mathbb{Z} + \{1, 2\}$, 有

$$\max_{1 \leqslant n \leqslant m} \left\| \rho^{-n} \frac{a}{3} \right\| \geqslant \left(3 \sum_{n=1}^{m} |c_n| \right)^{-1} =: \alpha > 0.$$

证明　对于每一个 $1 \leqslant n \leqslant m$, 假设 $a_n := \rho^{-n}\dfrac{a}{3} - \left\langle \rho^{-n}\dfrac{a}{3}\right\rangle$ 是距离 $\rho^{-n}\dfrac{a}{3}$ 最近的整数. 容易验证

$$1 + \sum_{n=1}^{m} c_n \rho^{-n} = 0,$$

故

$$\frac{a}{3} + \sum_{n=1}^{m} c_n \left\langle \rho^{-n}\frac{a}{3}\right\rangle + \sum_{n=1}^{m} c_n a_n = 0. \tag{4.3.3}$$

若 $\left\|\rho^{-n}\dfrac{a}{3}\right\| = \left|\left\langle \rho^{-n}\dfrac{a}{3}\right\rangle\right| < \alpha$ 对于所有的 $1 \leqslant n \leqslant m$ 均成立, 则由 $a \in 3\mathbb{Z}+\{1,2\}$ 可知

$$\left|\sum_{n=1}^{m} c_n \left\langle \rho^{-n}\frac{a}{3}\right\rangle\right| < \left(\sum_{n=1}^{m} |c_n|\right)\alpha = \frac{1}{3}.$$

这与式 (4.3.3) 矛盾. 该定理得证. □

对于数字集 $D = \{0, a, b\}$, 其中 $\{a, b\} \equiv \{1, 2\} \pmod 3$, 定义多项式

$$M_D(\xi) = \sum_{j=1,2} \left|\widehat{\delta}_D\left(\xi + \frac{j}{3}\right)\right|^2 \qquad (\xi \in \mathbb{R}). \tag{4.3.4}$$

根据相容对 $(3^{-1}D, \{0, 1, 2\})$ 的性质可得

$$|\widehat{\delta}_D(\xi)|^2 + M_D(\xi) = 1 \qquad (\xi \in \mathbb{R}), \tag{4.3.5}$$

因此, $M_D(0) = 0$.

此时可以给出命题 4.3.2 的证明.

命题 4.3.2 的证明　采用反证法. 假设 $\mu_{\rho,\{D_n\}}$ 是一个谱测度, Λ 是它的一个谱且 $0 \in \Lambda$. 根据定理 1.2.1, 只需要证明存在一个点 $\xi \in \mathbb{R}$ 使得

$$Q(\xi) = \sum_{\lambda \in \Lambda} \left|\widehat{\mu}_{\rho,\{D_n\}}(\xi + \lambda)\right|^2 < 1.$$

我们将证明分为如下三个步骤.

第 1 步　因为 $\sup_n\{|a_n|, |b_n|\} < \infty$, 数字集 $\{D_n\}_{n=1}^{\infty}$ 中至多含有有限多个互异点集, 记为 $D(1), D(2), \cdots, D(N)$, 其中, $N \in \mathbb{N}_+$. 设 $M_i := M_{D(i)}$, 并且令

$$\mathcal{A}_i = \{k \in \mathbb{N} : D_k = D(i)\}, \qquad (i = 1, 2, \cdots, N).$$

根据式 (4.3.5), 对于所有的 $\xi \in (0,1)$, 可得

$$
\begin{aligned}
|\widehat{\mu}_{\rho,\{D_n\}}(\xi)|^2 &= \prod_{i=1}^{N} \prod_{k \in \mathcal{A}_i} \left|\widehat{\delta}_{\rho^k D_k}(\xi)\right|^2 = \prod_{i=1}^{N} \prod_{k \in \mathcal{A}_i} \left|\widehat{\delta}_{D(i)}(\rho^k \xi)\right|^2 \\
&= \prod_{i=1}^{N} \prod_{k \in \mathcal{A}_i} \left(1 - M_i(\rho^k \xi)\right) \qquad (\text{因为 } 1-\xi < e^{-\xi}) \\
&\leqslant \prod_{i=1}^{N} \prod_{k \in \mathcal{A}_i} e^{-M_i(\rho^k \xi)} \\
&= e^{-\sum\limits_{i=1}^{N} \sum\limits_{k \in \mathcal{A}_i} M_i(\rho^k \xi)} \\
&= 1 - \sum_{i=1}^{N} \sum_{k \in \mathcal{A}_i} M_i(\rho^k \xi) + o\left(\sum_{i=1}^{N} \sum_{k \in \mathcal{A}_i} M_i(\rho^k \xi)\right), \qquad (4.3.6)
\end{aligned}
$$

其中, $o(\xi)$ 满足 $\lim\limits_{\xi \to 0} o(\xi)/\xi = 0$.

第 2 步 因为 $\mu_{\rho,\{D_n\}}$ 是一个谱测度, 由引理 4.3.2 知 ρ 是一个代数整数. 假设

$$
\varphi(x) = x^m + c_1 x^{m-1} + \cdots + c_m \in \mathbb{Z}[x]
$$

是 ρ 在整数环 $\mathbb{Z}[x]$ 中的极小多项式.

固定上述 m 并且定义

$$
\Lambda_k = \Lambda \cap \left\{\rho^{-k} \frac{a}{3} : a \in 3\mathbb{Z} + \{1,2\}\right\} \qquad (k \in \mathbb{N}).
$$

根据引理 4.3.1, $\#\Lambda_k \leqslant 2$ 对于所有的 $k \in \mathbb{N}$ 均成立. 注意到若 $\lambda \in \Lambda_k$, 则存在 $a \in 3\mathbb{Z} + \{1,2\}$ 使得 $\rho^k \lambda = \frac{a}{3}$. 因此, 对于任何的 $k \in \mathbb{N}$, 有

$$
\sum_{\lambda \in \Lambda_k} \left|\widehat{\mu}_{\rho,\{D_n\}}(\xi+\lambda)\right|^2 \leqslant \sum_{\lambda \in \Lambda_k} \left|\widehat{\delta}_{\rho^k D_k}(\xi+\lambda)\right|^2 = \sum_{\lambda \in \Lambda_k} \left|\widehat{\delta}_{D_k}(\rho^k(\xi+\lambda))\right|^2
$$

$$
\leqslant M_{D_k}(\rho^k \xi) \qquad (\text{根据式}(4.3.4)). \qquad (4.3.7)
$$

令 α 如引理 4.3.3 所示, 并且令

$$
\beta := \min\{1 - |\widehat{\delta}_{D(i)}(\xi)|^2 : \alpha/2 \leqslant |\xi| \leqslant 1 - \alpha/2, \ 1 \leqslant i \leqslant N\} > 0. \qquad (4.3.8)
$$

因此, 若存在 $k > m$ 使得 $\lambda \in \Lambda_k$, 则根据引理 4.3.3, 存在 $k - m \leqslant \ell_\lambda \leqslant k - 1$ 使得 $\|\rho^{\ell_\lambda}\lambda\| \geqslant \alpha$. 故对于所有的 $\xi \in \left[0, \dfrac{\alpha}{2}\right]$, 有 $\|\rho^{\ell_\lambda}(\xi + \lambda)\| \geqslant \alpha/2$. 因此, 若 $k \in \mathcal{A}_i$, 则根据式 (4.3.7) 可得

$$\sum_{\lambda \in \Lambda_k} \left|\widehat{\mu}_{\rho,\{D_n\}}(\xi + \lambda)\right|^2 \leqslant \sum_{\lambda \in \Lambda_k} \left|\widehat{\delta}_{D_{\ell_\lambda}}(\rho^{\ell_\lambda}(\xi + \lambda))\right|^2 \left|\widehat{\delta}_{D_k}(\rho^k(\xi + \lambda))\right|^2$$

$$\leqslant (1 - \beta) \sum_{\lambda \in \Lambda_k} \left|\widehat{\delta}_{D_k}(\rho^k(\xi + \lambda))\right|^2 \quad (\text{根据式 (4.3.8)})$$

$$\leqslant (1 - \beta) M_i(\rho^k \xi) \qquad (\text{根据式 (4.3.7)}). \tag{4.3.9}$$

第 3 步　注意到 $\rho \notin \mathbb{Q}^{\frac{1}{r}}$ 是一个无理数. 容易验证若 $k \neq \ell$, 则 $\Lambda_k \cap \Lambda_\ell = \varnothing$. 故

$$Q(\xi) = \sum_{\lambda \in \Lambda} \left|\widehat{\mu}_{\rho,\{D_n\}}(\xi + \lambda)\right|^2$$

$$= \left|\widehat{\mu}_{\rho,\{D_n\}}(\xi)\right|^2 + \sum_{k=1}^{m} \sum_{\lambda \in \Lambda_k} \left|\widehat{\mu}_{\rho,\{D_n\}}(\xi + \lambda)\right|^2 + \sum_{k=m+1}^{\infty} \sum_{\lambda \in \Lambda_k} \left|\widehat{\mu}_{\rho,\{D_n\}}(\xi + \lambda)\right|^2$$

$$= \left|\widehat{\mu}_{\rho,\{D_n\}}(\xi)\right|^2 + \sum_{k=1}^{m} \sum_{\lambda \in \Lambda_k} \left|\widehat{\mu}_{\rho,\{D_n\}}(\xi + \lambda)\right|^2$$

$$+ \sum_{i=1}^{N} \sum_{\{k \in \mathcal{A}_i, k > m\}} \sum_{\lambda \in \Lambda_k} \left|\widehat{\mu}_{\rho,\{D_n\}}(\xi + \lambda)\right|^2$$

根据式 (4.3.7) 和式 (4.3.9), 得到

$$Q(\xi) \leqslant \left|\widehat{\mu}_{\rho,\{D_n\}}(\xi)\right|^2 + \sum_{k=1}^{m} M_{D_k}(\rho^k \xi) + \sum_{i=1}^{N} \sum_{\{k \in \mathcal{A}_i, k > m\}} (1 - \beta) M_i(\rho^k \xi).$$

结合式 (4.3.6), 得到

$$Q(\xi) \leqslant 1 - \beta \sum_{i=1}^{N} \sum_{\{k \in \mathcal{A}_i, k > m\}} M_i(\rho^k \xi) + o\left(\sum_{i=1}^{N} \sum_{k \in \mathcal{A}_i} M_i(\rho^k \xi)\right). \tag{4.3.10}$$

因为函数 M_i 是一个整函数, 则存在整函数 H_i 以及正整数 $t_i > 0$ 使得 $M_i(z) = z^{t_i} H_i(z)$ 和 $H_i(0) \neq 0$ 成立. 因此存在公共常数 $C_2 > C_1 > 0$, 使得 $C_1 \leqslant H_i(z) \leqslant C_2$ 对于所有的 $|z| \leqslant \eta \leqslant \alpha/2$ 和 $i = 1, 2, \cdots, N$ 成立.

对 $k \in \mathcal{A}_i$ 求和可得, 对于 $0 < |\xi| \leqslant \eta$ 和 $i = 1, 2, \cdots, N$, 有

$$
\begin{aligned}
\xi^{t_i} &\lesssim \sum_{\{k \in \mathcal{A}_i\}} M_i(\rho^k \xi) = \sum_{\{k \in \mathcal{A}_i\}} (\rho^k \xi)^{t_i} H_i(\rho^k \xi) \\
&= \xi^{t_i} \sum_{\{k \in \mathcal{A}_i\}} (\rho^{t_i})^k H_i(\rho^k \xi) \lesssim \xi^{t_i}.
\end{aligned}
\tag{4.3.11}
$$

这里的记号 $f(x) \lesssim g(x)$ 表示存在常数 C 使得 $f(x) \leqslant Cg(x)$. 因此,

$$
\lim_{\xi \to 0} \sum_{i=1}^{N} \sum_{k \in \mathcal{A}_i} M_i(\rho^k \xi) = 0.
\tag{4.3.12}
$$

作为式 (4.3.11) 的特例, 对于所有的 $k \in \mathcal{A}_i$, $0 < |\xi| \leqslant \eta$ 且 $k \geqslant m$, 有如下估计式

$$
\xi^{t_i} \lesssim \sum_{\{k \in \mathcal{A}_i, k > m\}} M_i(\rho^k \xi) \lesssim \xi^{t_i}.
\tag{4.3.13}
$$

根据式 (4.3.10)、式 (4.3.12) 和式 (4.3.13), 存在充分小的 ξ 使得 $Q(\xi) < 1$. 故集合 Λ 不是测度 $\mu_{\rho, \{D_n\}}$ 的一个谱. 矛盾. 命题 4.3.2 得证. $\qquad\square$

4.4 定理 4.1.2 的必要性证明: $\rho \in \mathbb{Q} \cap (0, 1)$

4.4.1 $\rho = \dfrac{p}{q}$ 且 $p < q$, $\gcd(3, q) = 1$

命题 4.4.1 若 $\rho = \dfrac{p}{q}$ 满足 $p < q$ 且 $\gcd(3, q) = 1$, 则测度 $\mu_{\rho, \{D_n\}}$ 不是一个谱测度.

首先证明一个引理, 然后证明命题 4.4.1.

引理 4.4.1 设 $\rho = \dfrac{p}{q} \in \mathbb{Q}$ 满足 $p < q$ 且 $\gcd(p, q) = 1$. 若 Λ 是测度 $\mu_{\rho, \{D_n\}}$ 的一个谱, 则存在一个正整数 $m_0 \in \mathbb{N}_+$ 使得

$$
\Lambda \setminus \{0\} \subseteq p^{-m_0} \left\{ q^m \frac{a}{3} : m_0 \leqslant m, a \in q\mathbb{Z} + \{1, 2, \cdots, q-1\} \right\}.
\tag{4.4.1}
$$

证明 若 $\lambda \in \Lambda \setminus \{0\}$, 则存在正整数 n_λ 和 $a_\lambda \in 3\mathbb{Z} + \{1, 2\}$ 使得

$$
\lambda = \left(\frac{q}{p} \right)^{n_\lambda} \frac{a_\lambda}{3}.
$$

设 $a_\lambda = q^{\ell_\lambda} a'_\lambda$, 其中 $\ell_\lambda \in \mathbb{N}$ 并且 $q \nmid a'_\lambda$. 因为 $q \nmid p^{\ell_\lambda} a'_\lambda$, 每一个 λ 可以写为

$$\lambda = \left(\frac{q}{p}\right)^{n_\lambda + \ell_\lambda} \frac{p^{\ell_\lambda} a'_\lambda}{3} =: \left(\frac{q}{p}\right)^{m_\lambda} \frac{b_\lambda}{3}, \tag{4.4.2}$$

其中, $q \nmid b_\lambda, b_\lambda \in \mathbb{Z} \setminus \{0\}, m_\lambda \in \mathbb{N}_+$.

设 m_0 是所有整数 $m_\lambda, \lambda \in \Lambda$ 中的最小整数, 则由正交性条件可知, 对于所有的 $m_\lambda \geqslant m_0$, 存在 $n \in \mathbb{N}$ 和 $b \in 3\mathbb{Z} + \{1, 2\}$ 使得

$$\left(\frac{q}{p}\right)^{m_0} \frac{b_0}{3} - \left(\frac{q}{p}\right)^{m_\lambda} \frac{b_\lambda}{3} = \left(\frac{q}{p}\right)^{n} \frac{b}{3}.$$

由条件 $q \nmid b_0$ 可知 $m_0 = n$. 故 b_λ 可以被 $p^{m_\lambda - m_0}$ 整除, 即存在 $c_\lambda \in \mathbb{Z} \setminus \{0\}$ 使得 $b_\lambda = p^{m_\lambda - m_0} c_\lambda$. 因此根据式 (4.4.2), 得到

$$\lambda = p^{-m_0} q^{m_\lambda} \frac{c_\lambda}{3}, \qquad 其中 \ q \nmid c_\lambda.$$

故式 (4.4.1) 成立. 引理得证. □

命题 4.4.1 的证明　采用反证法. 假设 $\mu_{\rho, \{D_n\}}$ 是一个谱测度, 并且 Λ 是测度 $\mu_{\rho, \{D_n\}}$ 的一个谱且满足 $0 \in \Lambda$, 则

$$\Lambda \subseteq \Lambda - \Lambda \subseteq \mathcal{Z}(\widehat{\mu}_{\rho, \{D_n\}}) \cup \{0\}.$$

令

$$\mu = \delta_{\rho D_1} * \cdots * \delta_{\rho^{m_0} D_{m_0}} * \delta_{\rho^{m_0+2} D_{m_0+2}} * \cdots.$$

则

$$\mu_{\rho, \{D_n\}} = \delta_{\rho^{m_0+1} D_{m_0+1}} * \mu.$$

由引理 1.2.2, 只需要证明集合 Λ 构成测度 μ 的一个正交集.

事实上, 若元素 $\lambda_1, \lambda_2 \in \Lambda$ 满足 $\lambda_1 - \lambda_2 \in \mathcal{Z}(\widehat{\delta}_{\rho^{m_0+1} D_{m_0+1}})$, 则根据式 (4.4.1) 和式 (4.2.1), 存在正整数 $m_k, m_\ell \geqslant m_0$, $a_k, a_\ell \in q\mathbb{Z} + \{1, 2, \cdots, q-1\}$ 和某个 $a \in 3\mathbb{Z} + \{1, 2\}$ 使得

$$\lambda_1 - \lambda_2 := p^{-m_0} q^{m_k} \frac{a_k}{3} - p^{-m_0} q^{m_\ell} \frac{a_\ell}{3} = \rho^{-(m_0+1)} \frac{a}{3},$$

故

$$q^{m_k}a_k - q^{m_\ell}a_\ell = p^{-1}q^{m_0+1}a.$$

结合条件 $\gcd(p,q) = 1$, 可得 $p|a$. 此时, 条件 $\gcd(3,q) = 1$ 和 $a \in 3\mathbb{Z} + \{1,2\}$ 蕴含 $aq/p \in 3\mathbb{Z} + \{1,2\}$. 因此

$$\lambda_1 - \lambda_2 = \rho^{-(m_0+1)}\frac{a}{3} = \rho^{-m_0}\frac{aq/p}{3} \in \mathcal{Z}(\widehat{\delta}_{\rho^{m_0}D_{m_0}}) \subseteq \mathcal{Z}(\widehat{\mu}).$$

故 $\Lambda - \Lambda \subseteq \mathcal{Z}(\widehat{\mu}) \cup \{0\}$, 即 Λ 是测度 μ 的一个正交集. 该命题得证. $\qquad\square$

4.4.2 $\rho = \dfrac{p}{q}$ 满足 $1 < p < q$ 且 $3|q$

命题 4.4.2 若 $\rho = \dfrac{p}{q}$ 满足 $1 < p < q$, $\gcd(p,q) = 1$ 且 $3|q$, 则测度 $\mu_{\rho,\{D_n\}}$ 不是一个谱测度.

为了证明命题 4.4.2, 需要证明几个引理.

引理 4.4.2 设 $\rho = \dfrac{p}{q}$ 满足 $1 < p < q$ 且 $\gcd(p,q) = 1$. 若 $3|q$, 则

$$\Lambda_n \cap \Lambda_m = \varnothing, \quad 若 \ n \neq m,$$

其中, $\Lambda_n = \left\{\rho^{-n}\dfrac{a}{3} : a \in 3\mathbb{Z} + \{1,2\}\right\}$.

证明 若 $\lambda \in \Lambda_n \cap \Lambda_m$, 其中 $n > m$, 则

$$\left(\frac{q}{p}\right)^n \frac{a_n}{3} = \left(\frac{q}{p}\right)^m \frac{a_m}{3}.$$

此处, $a_n, a_m \in 3\mathbb{Z} + \{1,2\}$. 换言之,

$$q^{n-m}a_n = p^{n-m}a_m.$$

因为 $3|q$, 所以 $3|p$ 或者 $3|a_m$. 这与 p 以及 a_m 的假设相矛盾. $\qquad\square$

设 $\rho = \dfrac{p}{q} \in \mathbb{Q}$ 是一个有理数, 并且满足 $1 < p < q$ 与 $\gcd(p,q) = 1$. 下述引理给出了测度 $\mu_{\rho,\{D_n\}}$ 的谱的一个刻画.

引理 4.4.3 设 $\rho = \dfrac{p}{q} \in \mathbb{Q}$, 并且 p,q 满足 $1 < p < q$ 与 $\gcd(p,q) = 1$. 若 $3|q$ 且 Λ 是测度 $\mu_{\rho,\{D_n\}}$ 的一个谱使得 $0 \in \Lambda$, 则

$$\Lambda \setminus \{0\} \subseteq p^{-1}\left\{q^m\frac{a}{3} : m \in \mathbb{N}, \ a \in 3\mathbb{Z} + \{1,2\}\right\}, \qquad (4.4.3)$$

且

$$(\Lambda - \Lambda) \setminus \{0\} \subseteq p^{-1} \left\{ q^m \frac{a}{3} : m \in \mathbb{N}, \ a \in 3\mathbb{Z} + \{1,2\} \right\}. \tag{4.4.4}$$

证明　由 Λ 的正交性可知, 若 $\lambda \in \Lambda \setminus \{0\}$, 则存在一个正整数 m_λ 和一个整数 $a_\lambda \in 3\mathbb{Z} + \{1,2\}$ 使得

$$\lambda = \left(\frac{q}{p} \right)^{m_\lambda} \frac{a_\lambda}{3}.$$

令 m_0 为所有的 $m_\lambda, \lambda \in \Lambda$ 中的最小的整数, 并且记对应的 a_λ 为 a_0.

下证 $m_0 = 1$. 事实上, 根据引理 4.4.2 和引理 1.2.2, 得到

$$(\Lambda - \Lambda) \cap \Lambda_n \neq \varnothing \qquad (n \in \mathbb{N}), \tag{4.4.5}$$

其中, Λ_n 如引理 4.4.2 所示.

另外, 由 $\Lambda \subseteq \bigcup\limits_{n=1}^{\infty} \Lambda_n$ 和 $3|q$ 可证 $\Lambda \cap \Lambda_1 \neq \varnothing$. 事实上, 若 $\Lambda \cap \Lambda_1 = \varnothing$, 则 $\Lambda \subseteq \bigcup\limits_{n=2}^{\infty} \Lambda_n$ 成立. 结合式 (4.4.5), 存在元素 $\lambda_1 \in \Lambda_n \cap \Lambda, n > 1$ 和 $\lambda_2 \in \Lambda_m \cap \Lambda, m > 1$ 使得 $\lambda_1 - \lambda_2 \in \Lambda_1$. 令

$$\lambda_1 = \rho^{-n} \frac{a_n}{3}, \ \lambda_2 = \rho^{-m} \frac{a_m}{3} \quad \text{其中} \quad a_n, a_m \in 3\mathbb{Z} + \{1,2\}.$$

不妨假设 $n \geqslant m$, 则存在 $a \in 3\mathbb{Z} + \{1,2\}$, 使得 $\lambda_1 - \lambda_2 = \rho^{-1} \dfrac{a}{3}$, 故

$$q^{n-1} a_n - q^{m-1} p^{n-m} a_m = p^{n-1} a.$$

这与条件 $3|q$ 且 $3 \nmid a, 3 \nmid p$ 相矛盾. 这就完成了 $m_0 = 1$ 的证明.

再次使用 Λ 的正交性, 对于任意的 $m_\lambda \geqslant 1$, 存在正整数 n 和 $a \in 3\mathbb{Z} + \{1,2\}$ 使得

$$\left(\frac{q}{p} \right) \frac{a_0}{3} - \left(\frac{q}{p} \right)^{m_\lambda} \frac{a_\lambda}{3} = \left(\frac{q}{p} \right)^n \frac{a}{3}.$$

易知 $n = 1$ 且 a_λ 被 $p^{m_\lambda - 1}$ 整除. 故存在 $c_\lambda \in \mathbb{Z} \setminus \{0\}$ 使得 $a_\lambda = p^{m_\lambda - 1} c_\lambda$, 故

$$\lambda = p^{-1} q^{m_\lambda} \frac{c_\lambda}{3}, \quad \text{其中} \quad 3 \nmid c_\lambda.$$

这证得式 (4.4.3) 成立.

下证式 (4.4.4). 对于 Λ 中任意两个互异的元素 λ_k, λ_ℓ 存在整数 m_k, m_ℓ 和 a_k, $a_\ell \in 3\mathbb{Z} + \{1, 2\}$ 使得

$$\lambda_k = p^{-1} q^{m_k} \frac{a_k}{3}, \qquad \lambda_\ell = p^{-1} q^{m_\ell} \frac{a_\ell}{3}.$$

不妨假设 $m_k \geqslant m_\ell$, 则

$$\lambda_k - \lambda_\ell = p^{-1} q^{m_\ell} 3^{-1} (q^{m_k - m_\ell} a_k - a_\ell).$$

若 $m_k > m_\ell$, 则由条件 $3 | q$ 和 $3 \nmid a_\ell$ 可知 $3 \nmid (q^{m_k - m_\ell} a_k - a_\ell)$.

若 $m_k = m_\ell$, 则存在正整数 α 和 $c \in \mathbb{Z} \setminus \{0\}$, 使得 $a_k - a_\ell = q^\alpha a$, $q \nmid a$. 因此

$$\lambda_k - \lambda_\ell = p^{-1} q^{m_\ell} 3^{-1} (a_k - a_\ell) = p^{-1} q^{m_\ell + \alpha} 3^{-1} a. \tag{4.4.6}$$

另外, 根据集合 Λ 的正交性, 存在正整数 n 和 $c \in 3\mathbb{Z} + \{1, 2\}$ 使得

$$\lambda_k - \lambda_\ell = \left(\frac{q}{p} \right)^n \frac{c}{3} \tag{4.4.7}$$

根据式 (4.4.6) 和式 (4.4.7),

$$p^{n-1} q^{m_\ell + \alpha - n} a = c,$$

故 $3 \nmid a$ 且 $m_\ell + \alpha = n$. 如若不然, 由条件 $3 | q$ 可推得 $3 | c$, 即是 $c \in 3\mathbb{Z}$. 矛盾. 故式 (4.4.4) 成立. $\qquad\square$

设 Λ 为测度 $\mu_{\rho, \{D_n\}}$ 的一个谱, 其中 $\rho = \frac{p}{q}$, $p < q$, $\gcd(p, q) = 1$ 且 $3 | q$. 利用引理 4.4.2, 集合 Λ 可以表示为如下不交并

$$\Lambda = \bigcup_{m=1}^{\infty} (\Lambda \cap \Lambda_m).$$

根据式 (4.4.3), 若 $\lambda \in \Lambda \setminus \{0\}$, 则存在唯一的 $m \in \mathbb{N}$ 及 $k \in \mathbb{N}$, $k \geqslant m$ 使得

$$\lambda = p^{-1} q^m \frac{a}{3} = p^{-1} q^m \frac{a_0 + a_1 q + \cdots + a_{k-m} q^{k-m}}{3}, \tag{4.4.8}$$

其中, $a_0 \in \{-1, 0, \cdots, q-2\} \cap (3\mathbb{Z} + \{1, 2\})$, $a_{k-m} \neq 0$, 且 $a_j \in \{-1, 0, \cdots, q-2\}$ 对于 $1 \leqslant j \leqslant k-m$ 均成立. 方便起见, 称 k 为元素 λ 的**阶** (degree), 下面用集

合 Γ_k 表示集合 Λ 中所有阶为 k 的元素的全体, 其中 $k \in \mathbb{N}$. 定义 $\Gamma_0 = \{0\}$ 且

$$\Omega_n = \bigcup_{k=0}^{n} \Gamma_k. \tag{4.4.9}$$

引理 4.4.4　对于任意的 $n \in \mathbb{N}$, 如式 (4.4.9) 所示的集合 Ω_n 构成如下测度

$$\nu_{\rho,n} = \delta_{\rho D_1} * \delta_{\rho^2 D_2} * \cdots * \delta_{\rho^n D_n}$$

的正交集. 因此,

$$\sum_{\lambda \in \Omega_n} |\widehat{\mu}_{\rho,n}(\xi + \lambda)|^2 \leqslant 1, \qquad (\xi \in \mathbb{R}).$$

证明　根据式 (4.4.8) 及式 (4.4.9), 每个元素 $\lambda \in \Omega_n$ 可表为

$$\lambda = p^{-1} q^m \frac{a_0 + a_1 q + \cdots + a_{n-m} q^{n-m}}{3}, \tag{4.4.10}$$

其中, $a_0 \in \{-1, 0, \cdots, q-2\} \cap (3\mathbb{Z} + \{1, 2\})$ 且 $a_j \in \{-1, 0, \cdots, q-2\}$ 对于所有的 $1 \leqslant j \leqslant n - m$ 成立 (注意到此处 a_{n-m} 可以取为 0). 由函数 $\widehat{\delta}_{D_m}$ 的整周期性和 $3 \mid q$ 可知

$$\widehat{\delta}_{\rho^m D_m}(\lambda) = \widehat{\delta}_{D_m}(\rho^m \lambda) = \widehat{\delta}_{D_m}(p^{m-1} a_0 / 3).$$

注意到 $p^{m-1} a_0 \in 3\mathbb{Z} + \{1, 2\}$ 且对于 $c_i \in 3\mathbb{Z} + i$, $i = 1, 2$, 均有 $(3^{-1} D_m, \{0, c_1, c_2\})$ 构成相容对. 所以 $\widehat{\delta}_{D_m}(p^{m-1} a_0 / 3) = 0$, 因此 $\widehat{\nu}_{\rho,n}(\lambda) = 0$.

另外, 对于任意的 $\lambda' \in \Omega_n \setminus \{0\}$, 根据式 (4.4.4), 元素 $\lambda - \lambda'$ 必定具有式 (4.4.10) 所示的形式. 继续做如上步骤, 我们仍然可以得到 $\widehat{\nu}_{\rho,n}(\lambda - \lambda') = 0$. 因此 Ω_n 是测度 $\nu_{\rho,n}$ 的一个正交集. □

已知

$$\mu_{\rho,\{D_n\}} = \delta_{\rho D_1} * \delta_{\rho^2 D_2} * \delta_{\rho^3 D_3} * \cdots.$$

对于任意的正整数 n, 定义

$$\mu_{\rho, \geqslant n} = \delta_{\rho D_n} * \delta_{\rho^2 D_{n+1}} * \delta_{\rho^3 D_{n+2}} * \cdots.$$

引理 4.4.5 设 $a = \ln p / \ln q$ 且

$$c = \max \left\{ |\hat{\delta}_{D(i)}(\xi)| : \frac{1}{2q} \leqslant \xi \leqslant \frac{1}{2}, i = 1, 2, \cdots, N \right\} < 1.$$

则对于任意的 $\xi > 1$, 存在点 ξ' 和正整数 $n \in \mathbb{N}_+$ 使得 $\rho^2 \xi^a \leqslant \xi' \leqslant \rho \xi$ 且

$$|\hat{\mu}_{\rho,\{D_n\}}(\xi)|^2 \leqslant c |\hat{\mu}_{\rho,\geqslant n}(\xi)|^2. \tag{4.4.11}$$

证明 固定 $\xi > 1$ 且注意到

$$\hat{\mu}_{\rho,\{D_n\}}(\xi) = \hat{\delta}_{D_1}(\rho \xi) \hat{\mu}_{\rho,\geqslant 2}(\rho \xi), \qquad (\xi \in \mathbb{R}).$$

若 $\langle \rho \xi \rangle \notin \left(-\dfrac{1}{2q}, \dfrac{1}{2q} \right)$, 则函数 $\hat{\delta}_{D_1}$ 的整周期性和性质 $|\hat{\delta}_{D_1}(t)| = |\hat{\delta}_{D_1}(-t)|$ 蕴含

$$|\hat{\mu}_{\rho,\{D_n\}}(\xi)| = |\hat{\delta}_{D_1}(\|\rho \xi\|)| \cdot |\hat{\mu}_{\rho,\geqslant 2}(\rho \xi)| \leqslant c |\hat{\mu}_{\rho,\geqslant 2}(\rho \xi)|.$$

令 $\xi' = \rho \xi$ 和 $n = 2$, 式 (4.4.11) 成立.

若 $\langle \rho \xi \rangle \in \left(-\dfrac{1}{2q}, \dfrac{1}{2q} \right)$, 则由条件 $\rho \xi > p/q > 1/q$ 可知, 距离 $\rho \xi$ 最近的整数大于或者等于 1, 即 $\rho \xi - \langle \rho \xi \rangle \in \mathbb{N}$. 故存在 $a_s \in \{1, 2, \cdots, q-1\}, s \geqslant 0$ 和 $a_j \in \{0, 1, \cdots, q-1\}, j = s+1, \cdots, t$, 其中 $a_t \neq 0$, 使得

$$\rho \xi - \langle \rho \xi \rangle = a_s q^s + \cdots + a_t q^t. \tag{4.4.12}$$

因此,

$$\langle \rho^{s+2} \xi \rangle = \langle \rho^{s+1} (\langle \rho \xi \rangle + (a_s q^s + \cdots + a_t q^t)) \rangle = \langle \rho^{s+1} \langle \rho \xi \rangle + p^{s+1} a_s / q \rangle.$$

因为 $|\rho^{s+1} \langle \rho \xi \rangle| < \dfrac{1}{2q}$ 和 $\dfrac{1}{q} \leqslant |\langle p^{s+1} a_s / q \rangle| \leqslant \dfrac{1}{2}$, 故有 $\langle \rho^{s+2} \xi \rangle \notin \left(-\dfrac{1}{2q}, \dfrac{1}{2q} \right)$. 根据 $\hat{\delta}_{D_{s+2}}$ 的整周期性和 $|\hat{\delta}_{D_{s+2}}(t)| = |\hat{\delta}_{D_{s+2}}(-t)|$, 可得

$$|\hat{\mu}_{\rho,\{D_n\}}(\xi)| = |\hat{\delta}_{D_1}(\rho \xi)| \cdots |\hat{\delta}_{D_{s+2}}(\rho^{s+2} \xi)| \cdot |\hat{\mu}_{\rho,\geqslant s+3}(\rho^{s+2} \xi)|$$

$$\leqslant |\hat{\delta}_{D_{s+2}}(\langle \rho^{s+2} \xi \rangle)| \cdot |\hat{\mu}_{\rho,\geqslant s+3}(\rho^{s+2} \xi)| \leqslant c |\hat{\mu}_{\rho,\geqslant s+3}(\rho^{s+2} \xi)|.$$

令 $\xi' = \rho^{s+2} \xi$ 和 $n = s + 3$, 式 (4.4.11) 成立.

更进一步, 由式 (4.4.12) 可得 $\xi \geqslant \rho\xi \geqslant q^s$. 根据 $a = \ln p/\ln q$, 得到

$$\xi' = \rho^{s+2}\xi = \frac{p^s}{q^s}\rho^2\xi = \frac{q^{as}}{q^s}\rho^2\xi = q^{s(a-1)}\rho^2\xi \geqslant \xi^{a-1}\rho^2\xi = \rho^2\xi^a.$$

引理 4.4.5 得证. □

引理 4.4.6 设 $r > \dfrac{\ln a}{\ln c} + 1$ 为一个正整数, 其中 a, c 如引理 4.4.5 所示, 则存在常数 $\alpha > 1, C > 1$ 及充分大的正整数 n_0, 使得 $n \geqslant n_0$ 蕴含

$$|\widehat{\mu}_{\rho,\geqslant(n+1)^r+1}(\rho^{(n+1)^r}(\xi+\lambda))| \leqslant \frac{C}{n^\alpha}, \quad \forall\, \xi \in \left(0, \frac{2}{3p}\right)$$

对于所有的 $\lambda \in \Omega_{(n+1)^r} \setminus \Omega_{n^r}$ 均成立.

证明 根据式 (4.4.8) 和式 (4.4.9), 每个元素 $\lambda \in \Omega_{(n+1)^r} \setminus \Omega_{n^r}$ 具有如下展开式

$$\lambda = \frac{1}{3p}(a_0 q^m + a_1 q^{m+1} + \cdots + a_l q^l),$$

其中, $a_0 \in \{-1, 0, \cdots, q-2\} \cap (3\mathbb{Z} + \{1, 2\})$, $a_j \in \{-1, 0, \cdots, q-2\}$ 对于所有的 $1 \leqslant j \leqslant l, a_l \neq 0$ 均成立, 并且 $(n+1)^r \geqslant l \geqslant n^r$.

简单计算可得

$$|\lambda| \geqslant \frac{1}{3p}\left[q^l - (q-2)\sum_{j=0}^{l-1} q^j\right] \geqslant \frac{1}{3p}q^{l-1} + \frac{2}{3p} \geqslant q^{l-3} + \frac{2}{3p}.$$

令 $\eta := \rho^{(n+1)^r}(\xi + \lambda)$. 结合假设 $\xi \in \left(0, \dfrac{2}{3p}\right)$, 可以得到

$$|\eta| \geqslant \rho^{(n+1)^r}(|\lambda| - |\xi|) \geqslant \frac{p^{(n+1)^r}}{q^{(n+1)^r - n^r + 3}}.$$

易知 $n \geqslant 3$ 蕴含 $(n+1)^r - n^r + 3 \leqslant n^{r-1}2^r$, 这意味着

$$|\eta| \geqslant \frac{p^{(n+1)^r}}{q^{n^{r-1}2^r}} = \left(\frac{p^{(1+1/n)^r n}}{q^{2^r}}\right)^{n^{r-1}} \geqslant \left(\frac{p^n}{q^{2^r}}\right)^{n^{r-1}}.$$

故存在正整数 n_0, 使得 $n \geqslant n_0$ 蕴含 $p^n > q^{2^r+1}$, 因此

$$|\eta| \geqslant q^{n^{r-1}} (> 1). \tag{4.4.13}$$

令 $\xi_0 := \eta$. 多次应用引理 4.4.5, 可得一列单调递增的正整数列 $n_1 < n_2 < \cdots$ 和 $\{\xi_i\}_{i=1}^{\infty}, |\xi_i| \geqslant 1$ 满足 $\rho^2 \xi_i^a \leqslant \xi_{i+1} \leqslant \rho \xi_i, i \geqslant 0$ 并且

$$|\widehat{\mu}_{\rho,\{D_n\}}(\eta)| \leqslant c|\widehat{\mu}_{\rho,\geqslant n_1}(\xi_1)| \leqslant c^2|\widehat{\mu}_{\rho,\geqslant n_2}(\xi_2)| \leqslant \cdots \leqslant c^l|\widehat{\mu}_{\rho,\geqslant n_l}(\xi_l)| \leqslant \cdots.$$

特别地, 取 $l = \left\lfloor \log_a \frac{2n^{1-r}}{1-a} \right\rfloor$, 其中, 符号 $\lfloor x \rfloor$ 表示不超过 x 的最大整数, 由式 (4.4.13) 可得

$$|\xi_l| \geqslant \rho^2 |\xi_{l-1}|^a \geqslant \cdots \geqslant \rho^{2+2a+\cdots+2a^{l-1}}|\eta|^{a^l} \geqslant \rho^{\frac{2}{1-a}}|\eta|^{a^l}$$

$$\geqslant p^{\frac{2}{1-a}}q^{-\frac{2}{1-a}}q^{n^{r-1}a^l} \geqslant p^{\frac{2}{1-a}} > 1,$$

且

$$|\widehat{\mu}_{\rho,\{D_n\}}(\eta)| \leqslant c^l \leqslant c^{\log_a \frac{2n^{1-r}}{1-a}} = c^{\log_a \frac{2}{1-a}} n^{-(r-1)\log_a c}.$$

只需要假设 $C := c^{\log_a \frac{2}{1-a}}$ 和 $\alpha := (r-1)\log_a c$. 引理 4.4.6 得证. $\qquad\square$

命题 4.4.2 的证明 假设集合 Λ 为测度 $\mu_{\rho,\{D_n\}}$ 的一个谱并且 $0 \in \Lambda$. 令

$$Q_n(\xi) = \sum_{\lambda \in \Omega_n} |\widehat{\nu}_{\rho,\{D_n\}}(\xi + \lambda)|^2 \qquad \text{且} \qquad Q(\xi) = \sum_{\lambda \in \Lambda} |\widehat{\mu}_{\rho,\{D_n\}}(\xi + \lambda)|^2.$$

假设 α, C, n_0 如引理 4.4.6 所示. 若 $n \geqslant n_0$ 时有 $\Omega_{(n+1)^r} = \Omega_{n^r}$, 可得 $Q_{(n+1)^r}(\xi) = Q_{n^r}(\xi)$. 若存在 $n \geqslant n_0$ 使得 $\Omega_{(n+1)^r} \neq \Omega_{n^r}$, 则对于任意的 $\xi \in \left(0, \dfrac{2}{3p}\right)$, 可得

$$Q_{(n+1)^r}(\xi) = Q_{n^r}(\xi) + \sum_{\lambda \in \Omega_{(n+1)^r} \backslash \Omega_{n^r}} |\widehat{\mu}_{\rho,\{D_n\}}(\xi + \lambda)|^2$$

$$= Q_{n^r}(\xi) + \sum_{\lambda \in \Omega_{(n+1)^r} \backslash \Omega_{n^r}} |\widehat{\nu}_{\rho,(n+1)^r}(\xi + \lambda)|^2 \cdot |\widehat{\mu}_{\rho,\geqslant (n+1)^r+1}(\rho^{(n+1)^r}(\xi + \lambda))|^2$$

$$\leqslant Q_{n^r}(\xi) + \frac{C^2}{n^{2\alpha}} \sum_{\lambda \in \Omega_{(n+1)^r} \backslash \Omega_{n^r}} |\widehat{\nu}_{\rho,(n+1)^r}(\xi + \lambda)|^2 \quad \text{(由引理 4.4.6)}$$

$$\leqslant Q_{n^r}(\xi) + \frac{C^2}{n^{2\alpha}}\left(1 - \sum_{\lambda \in \Omega_{n^r}} |\widehat{\nu}_{\rho,(n+1)^r}(\xi + \lambda)|^2\right) \quad \text{(由引理 4.4.4)}$$

$$\leqslant Q_{n^r}(\xi) + \frac{C^2}{n^{2\alpha}}(1 - Q_{n^r}(\xi)).$$

因此,

$$1 - Q_{(n+1)^r}(\xi) \geqslant (1 - Q_{n^r}(\xi)) \left(1 - \frac{C^2}{n^{2\alpha}}\right)$$

$$\geqslant \cdots \geqslant (1 - Q_{n_0^r}(\xi)) \prod_{k=n_0}^{n} \left(1 - \frac{C^2}{k^{2\alpha}}\right).$$

令 $n \to \infty$, 可得

$$1 - Q(\xi) \geqslant (1 - Q_{n_0^r}(\xi)) \prod_{k=n_0}^{\infty} \left(1 - \frac{C^2}{k^{2\alpha}}\right).$$

注意到 $\prod\limits_{k=n_0}^{\infty} \left(1 - \dfrac{C^2}{k^{2\alpha}}\right) \neq 0$. 根据定理 1.2.1, 得到 $Q_{n_0^r}(\xi) \leqslant 1$ 且 $Q_{n_0^r}(\xi) \not\equiv 1$. 因此, 存在某个 $\xi \in \left(0, \dfrac{2}{3p}\right)$ 使得 $Q(\xi) < 1$ 成立. 定理得证. □

下述例子表明定理 4.1.2 中的条件 $\gcd(a_n, b_n) = 1$ 不可去掉.

例 4.4.1　设 $D_1 = \{0,1,2\}$, 并且 $D_n = \{0,2,4\}$ 对于所有的正整数 $n \geqslant 2$ 均成立, 则 $D_n \equiv \{0,1,2\} \pmod{3}$ 对于所有的 $n \in \mathbb{N}_+$ 均成立, 但是测度

$$\mu_{3,\{D_n\}} = \delta_{3^{-1}D_1} * \delta_{3^{-2}D_2} * \delta_{3^{-3}D_3} * \cdots$$

并不是谱测度.

证明　注意到

$$\delta_{3^{-2}D_2} * \delta_{3^{-3}D_3} * \cdots = \frac{3}{2}\mathcal{L}|_{[0,2/3]}.$$

则

$$\mu_{3,\{D_n\}} = \delta_{3^{-1}D_1} * \frac{3}{2}\mathcal{L}|_{[0,2/3]} = \frac{1}{2}\mathcal{L}|_{[0,1/3]\cup[1,4/3]} + \mathcal{L}|_{[1/3,1]}.$$

根据文献 [51] 中的定理 1.3, 测度 $\mu_{3,\{D_n\}}$ 不是谱测度. □

4.5　定理 4.1.3 的证明

本节将完成定理 4.1.3 的证明. 为了和第 2 章、第 3 章中谱测度的谱特征值描述一致, 本节中假设 $\rho > 1$ 且定理 4.1.3 (见式 (4.1.1)) 中的测度 $\mu_{\rho,\{a_n,b_n,c_n\}}$ 等价

表述为

$$\mu_{\rho,\{a_n,b_n,c_n\}} = \delta_{\rho^{-1}\{a_1,b_1,c_1\}} * \delta_{\rho^{-2}\{a_2,b_2,c_2\}} * \delta_{\rho^{-3}\{a_3,b_3,c_3\}} * \cdots$$

特别需要指明的是, 定理 2.1.4 中证明广义无穷伯努利卷积的谱特征值的技巧和方法完全可以用于证明定理 4.1.3. 然而, 基于测度 $\mu_{\rho,\{a_k,b_k,c_k\}}$ 的特殊性质, 本节将证明定理 4.1.3 实质上是定理 3.1.2 对自相似测度 $\mu_{\rho,3} := \mu_{\rho,D_0}$ 情形, 其中 $\rho \in 3\mathbb{N}$ 和 $D_0 = \{0,1,2\}$.

简化起见, 令 $\rho = 3r$, $r \in \mathbb{N}$, 并且令 $D_k = \{a_k,b_k,c_k\}$ $(k \geqslant 1)$ 满足

$$\{b_k - a_k, c_k - a_k\} \equiv \{1,2\} \pmod 3 \text{ 和 } \gcd(b_k - a_k, c_k - a_k) = 1$$

对于所有的 $k \in \mathbb{N}$ 均成立.

引理 4.5.1 假设 $\rho = 3r$, $r \in \mathbb{N}$ 并且令 $C_0 = rD_0$, 其中 $D_0 = \{0,1,2\}$, 则

(i) 对于任意的 $k \geqslant 0$, 均有 $(\rho^{-1}D_k, C_0)$ 是一个相容对;

(ii) 对于任意的 $k \geqslant 0$, 均有 $(\rho^{-1}D_k, pC_0)$ 是一个相容对, 其中 $p \in 3\mathbb{Z} + \{1,2\}$;

(iii) 对于任意的 $k \geqslant 1$, 均有 $\mathcal{Z}(\widehat{\delta}_{\rho^{-1}D_k}) = \mathcal{Z}(\widehat{\delta}_{\rho^{-1}D_0}) = r(3\mathbb{Z} + \{1,2\})$;

(iv) $\mathcal{Z}(\widehat{\mu}_{\rho,D_k}) = \mathcal{Z}(\widehat{\mu}_{\rho,D_0}) = \bigcup\limits_{k=1}^{\infty} \rho^{k-1}r(3\mathbb{Z} + \{1,2\})$, 其中 $\mu_{\rho,D_0} := \delta_{\rho^{-1}D_0} *$ $\delta_{\rho^{-2}D_0} * \cdots$ 和 $\mu_{\rho,D_k} := \delta_{\rho^{-1}D_1} * \delta_{\rho^{-2}D_2} * \delta_{\rho^{-3}D_3} * \cdots$ 在弱 $*$ 拓扑下存在.

证明 (i) 假设 $\mathcal{D}_k = D_k - a_k = \{0, b_k - a_k, c_k - a_k\}$, $k \in \mathbb{N}$, 则容易验证对于任意的 $k \in \mathbb{N}$ 有矩阵

$$H_{\rho^{-1}\mathcal{D}_k, C_0} = H_{\rho^{-1}D_0, C_0} = \frac{1}{\sqrt{3}}\begin{bmatrix} 1 & 1 & 1 \\ 1 & e^{2\pi i \frac{1}{3}} & e^{2\pi i \frac{2}{3}} \\ 1 & e^{2\pi i \frac{2}{3}} & e^{2\pi i \frac{4}{3}} \end{bmatrix}, \text{若} \begin{cases} b_k - a_k \equiv 1 \pmod 3 \\ c_k - a_k \equiv 2 \pmod 3 \end{cases}$$

和

$$H_{\rho^{-1}\mathcal{D}_k, C_0} = H_{\rho^{-1}D_0, C_0} = \frac{1}{\sqrt{3}}\begin{bmatrix} 1 & 1 & 1 \\ 1 & e^{2\pi i \frac{2}{3}} & e^{2\pi i \frac{1}{3}} \\ 1 & e^{2\pi i \frac{4}{3}} & e^{2\pi i \frac{2}{3}} \end{bmatrix}, \text{若} \begin{cases} b_k - a_k \equiv 2 \pmod 3 \\ c_k - a_k \equiv 1 \pmod 3 \end{cases}$$

均是酉矩阵, 这意味着 $(\rho^{-1}\mathcal{D}_k, C_0)$ 和 $(\rho^{-1}D_0, C_0)$ 均是相容对. 根据命题 1.4.1 (ii), 可得结果 (i).

(ii) 显然, $pC_0 \equiv C_0 \pmod{\rho}$ 若 $p \in 3\mathbb{Z} + \{1, 2\}$. 因此根据命题 1.4.1 (iii) 可得结论 (ii).

引理 4.5.1 (iii) 和 (iv) 很容易计算可得. $\qquad\square$

当 $\rho = 3$ 时的结论是有趣的. 下述引理给出定理 4.1.3 (i) 的一个证明, 同时说明存在大量的谱测度以整数集 $\mathbb{Z}$ 作为唯一谱 (在平移不变的意义下).

引理 4.5.2　若 $\mu_{3,\{D_k\}}$ 是一个谱测度, 则 $\Lambda = \mathbb{Z}$ 是测度 $\mu_{3,\{D_k\}}$ 的包含原点 $0 \in \Lambda$ 的唯一谱. 因而, 没有实数 $p \in \mathbb{R} \setminus \{\pm 1\}$ 使得集合 Λ 和 $p\Lambda$ 成为测度 $\mu_{3,\{D_k\}}$ 的谱.

证明　根据定理 4.1.2 的充分性证明可得

$$\Lambda(3, \{0, -1, 1\}) := \{0, -1, 1\} + 3\{0, -1, 1\} + 3^2\{0, -1, 1\} + \cdots = \mathbb{Z}$$

是测度 $\mu_{3,\{D_k\}}$ 的一个谱, 这等价于

$$Q_{\mathbb{Z}}(\xi) := \sum_{n \in \mathbb{Z}} |\widehat{\mu}_{3,\{D_k\}}(\xi + n)|^2 \equiv 1 \quad (\xi \in \mathbb{R}).$$

下证 $\mathbb{Z}$ 是测度 $\mu_{3,\{D_k\}}$ 的唯一谱. 事实上, 如果存在另一个离散集 $\Lambda \neq \mathbb{Z}$, 仍然是测度 $\mu_{3,\{D_k\}}$ 的一个谱, 则

$$\Lambda \setminus \{0\} \subseteq \mathcal{Z}(\widehat{\mu}_{3,\{D_k\}}) = \bigcup_{n=0}^{\infty} 3^n((3\mathbb{Z} + 1) \cup (3\mathbb{Z} + 2)) = \mathbb{Z}.$$

进一步, 对于任意的 $n_0 \in \mathbb{Z} \setminus \Lambda$, 存在 $\xi_0 \in (0, 1)$ 使得 $\widehat{\mu}_{3,\{D_k\}}(\xi_0 + n_0) \neq 0$, 因而

$$Q_{\Lambda}(\xi_0) := \sum_{\lambda \in \Lambda} |\widehat{\mu}_{3,\{D_k\}}(\xi_0 + \lambda)|^2$$

$$\leqslant \sum_{\lambda \in \mathbb{Z} \setminus \{n_0\}} |\widehat{\mu}_{3,\{D_k\}}(\xi_0 + \lambda)|^2$$

$$= Q_{\mathbb{Z}}(\xi_0) - |\widehat{\mu}_{3,\{D_k\}}(\xi_0 + n_0)|^2$$

$$= 1 - |\widehat{\mu}_{3,\{D_k\}}(\xi_0 + n_0)|^2 < 1.$$

这与定理 1.2.1 矛盾. □

下述引理和引理 4.5.1 是将定理 4.1.3 (ii) 进一步约化的关键要素.

引理 4.5.3 令 $\rho = 3r, r > 1$ 且令 $C_0 = rD_0$ 其中 $D_0 = \{0, 1, 2\}$.

(i) 对于任意的 $w = w_1 w_2 \cdots \in \{-1, 1\}^{\mathbb{N}}$, 集合

$$p\Lambda_w(\rho, C_0) := p\left\{\sum_{j=1}^{m} w_j \rho^{j-1} c_j : c_j \in C_0, w_j \in \{-1, 1\}\right\},$$

构成测成 $\mu_{\rho, \{D_k\}}$ 的一个正交集, 其中 $p \in 3\mathbb{Z} + \{1, 2\}$.

(ii) 对于任意的 $w = w_1 w_2 \cdots \in \{-1, 1\}^{\mathbb{N}}$, 集合

$$\Lambda_w(\rho, C_0) := \left\{\sum_{j=1}^{m} w_j \rho^{j-1} c_j : c_j \in C_0, w_j \in \{-1, 1\}\right\}, \tag{4.5.1}$$

构成测度 $\mu_{\rho, \{D_k\}}$ 的一个谱.

证明 (i) 若 $p \in 3\mathbb{Z} + \{1, 2\}$, 则 $pC_0 \equiv w_j C_0 \pmod{\rho}$, 其中 $w_j \in \{-1, 1\}$. 因此, 根据引理 4.5.1 (ii) 可知, $(\rho^{-1} D_k, pw_j C_0)$ 是相容对. 因此, 类似于引理 2.4.2 的证明, 容易验证命题 1.4.1 和关系式

$$p\Lambda_w(\rho, C_0) = \bigcup_{j=1}^{\infty} (pw_1 C_0 + pw_2 \rho C_0 + \cdots + pw_j \rho^{j-1} C_0)$$

蕴含着引理 4.5.3 (i)

(ii) 见例 2.2.1. □

定理 4.1.3 (ii) **的证明** 定理 4.1.3(ii) 的证明主要想法是将定理 4.1.3 (ii) 化为定理 3.1.2 (ii).

充分性 只需要构造形如式 (4.5.1) 的离散集合 Λ, 使得 Λ, $p_1\Lambda$ 和 $p_2\Lambda$ 均构成测度 $\mu_{\rho, \{a_k, b_k, c_k\}}$ 的谱, 其中 $p_1, p_2 \in 3\mathbb{Z} + \{1, 2\}$ 且 $\gcd(p_1, p_2) = 1$.

根据引理 4.5.3, 对上述 p_1 和 p_2, 只需要选取一个无穷词 $w \in \{-1, 1\}^{\mathbb{N}}$, 使得 $p_1\Lambda_w(\rho, C_0)$ 和 $p_2\Lambda_w(\rho, C_0)$ 均构成测度 $\mu_{\rho, \{D_k\}}$ 的谱. 如定理 3.2.1 (ii) 所证, 易知 (特别是根据引理 3.2.4 和引理 3.2.5) 无穷词 w 的选取依赖于零点集 $\mathcal{Z}(\widehat{\mu}_{\rho, \{D_k\}})$ 和紧集 $T(\rho, p_i C_0 \cup (-p_i C_0))$, $i = 1, 2$ 的交集. 根据引理 4.5.1 (iv) 可知集合

$\mathcal{Z}(\widehat{\mu}_{\rho,\{D_k\}})$ 可以被集合 $\mathcal{Z}(\widehat{\mu}_{\rho,D_0})$ 所替代. 因此, 充分性证明可以约化为定理 3.2.1 (ii) 中对测度 μ_{ρ,D_0} 的证明.

必要性　固定 $p \in \mathbb{R}$ 并且假设 Λ, $p\Lambda$ 均构成测度 $\mu_{\rho,\{D_k\}}$ 的谱使得 $0 \in \Lambda$. 显然, 定理 3.1.2 的必要性部分证明对于测度 μ_{ρ,D_0} 同样适用. 根据引理 4.5.1 (iii) 和引理 4.5.1 (iv), 可将定理 3.1.2 必要性证明中对测度 μ_{ρ,D_0} 的证明应用于测度 $\mu_{\rho,\{D_k\}}$, 可得 $p = \dfrac{p_1}{p_2}$, 其中 p_1, p_2 和 3 两两互素. □

4.6　本　章　小　结

本章主要结果完全确定给出一类含三个整元素数字集生成的广义 Cantor 测度 $\mu_{\rho,\{a_n,b_n,c_n\}}$ 或者 $\mu_{\rho,\{0,a_n,b_n\}}$ 的谱和非谱性质 (定理 4.1.1 或者定理 4.1.2), 并完整给出该类型谱测度的所有谱特征值 (定理 4.1.3). 这两个结果分别节选自作者与合作者的工作 [103] 和 [54]. 其中, 定理 4.1.2 的证明本质上是将文献 [31] 中关于 N-Bernoulli 卷积测度谱性的证明方法应用于三个数字集情形, 而定理 4.1.2 的证明本质上是将第 2 章和第 3 章中研究 Cantor 谱测度的技巧方法应用于 Moran 情形. 自文献 [103] 后, 其他含三元素数字集的无穷卷积测度的谱性质得到了极大关注, 可参见文献 [104-108]. 特别地, 作为定理 4.1.2 的推广, 文献 [108] 刻画给出由缺项序列和三元素数字集生成的无穷卷积测度

$$\mu_{\rho,\{0,a_j,b_j\},\{n_j\}} = \delta_{\rho^{n_1}\{0,a_1,b_1\}} * \delta_{\rho^{n_1+n_2}\{0,a_2,b_2\}} * \delta_{\rho^{n_1+n_2+n_3}\{0,a_3,b_3\}} * \cdots$$

成为谱测度的充要条件, 其中 $0 < \rho < 1$ 并且 $\{a_j, b_j, n_j\}$ 是一列有界正整数列. 其他由相容对和缺项序列生成的无穷卷积测度的谱性研究工作可参阅文献 [39]、[55]、[70]、[109]、[110]. 其他无穷卷积测度 (如式 (1.3.7)中 $\mu_{\mathfrak{R},\mathfrak{D}}$) 和其他类型测度的谱性可参见文献 [24]、[26]、[71]、[74]. 作为定理 4.1.2 的特殊情形, Cantor 测度 $\mu_{\rho,\{0,a,b\}}$ 是一个谱测度当且仅当 $\{a,b\} \equiv \{1,2\} \pmod 3$ 并且 $\rho \in 3\mathbb{N}$. 文献 [111] 进一步研究谱测度 $\mu_{\rho,\{0,a,b\}}$ 的谱的树结构, 并固定谱测度 $\mu_{\rho,\{0,a,b\}}$ 的一个谱 Λ, 具体研究何种实数 $p \in \mathbb{R}$ 使得集合 $p\Lambda$ 仍然是 $\mu_{\rho,\{0,a,b\}}$ 的谱. 另外, 作者与合作者在文献 [107] 中给出另一类含三个整元素数字集生成的谱测度的谱结构刻画.

第 5 章　mock 傅里叶级数的收敛性

5.1　引言和主要结果

本章将研究支撑在闭区间 $[0,1]$ 上的一类广义无穷伯努利卷积 $\mu_{\mathcal{P}}$ 的三角级数的收敛性. 具体地, 该测度 $\mu_{\mathcal{P}}$ 可以表述为如下无穷卷积形式

$$\mu_{\mathcal{P}} := \delta_{p_1^{-1} D_1} * \delta_{(p_1 p_2)^{-1} D_2} * \cdots, \tag{5.1.1}$$

其中, 正整数列 $\mathcal{P} = \{p_n, d_n\}_{n=1}^{\infty}$ 和数字集合 $D_n = \{0, d_n\}$ 满足 $p_n \geqslant 2, 0 < d_n < p_n$. 显然, 测度 $\mu_{\mathcal{P}}$ 的支撑集为

$$T_{\mathcal{P}} := \sum_{n=1}^{\infty} \frac{1}{p_1 \cdots p_n} D_n = \left\{ \sum_{n=1}^{\infty} \frac{d^{(n)}}{p_1 \cdots p_n} : d^{(n)} \in D_n \right\} (\subseteq [0,1]). \tag{5.1.2}$$

文献 [74]、[112-113] 已经在测度 $\mu_{\mathcal{P}}$ 的谱性质研究方面取得了一些成果. 例如, 文献 [74] 的定理 1.3 证得如下结论: 若对每一个 $n \in \mathbb{N}$, 均存在离散集 $C_n \subseteq \mathbb{Z}$ 使得 $(p_n^{-1} D_n, C_n)$ 构成一个相容对, 则测度 $\mu_{\mathcal{P}}$ 是一个谱测度且其谱包含于整数集合. 基于已有的研究成果, 本章中总做如下假设

$$P_n = p_1 p_2 \cdots p_n, \ d_n = 2^{l_n} d_n', \ p_n = 2^{l_n + 1} p_n', \tag{5.1.3}$$

其中, $d_n' \in 2\mathbb{N} - 1$ 且 $l_n \in \mathbb{N}, p_n' \in \mathbb{N}$.

易验证, 对于任意一个无穷词 $\sigma = \sigma_1 \sigma_2 \cdots \in \{-1, 1\}^{\mathbb{N}}$, 如下集合

$$\Lambda^{\sigma} = P_1 \left\{ 0, \frac{\sigma_1}{2^{1+l_1}} \right\} + P_2 \left\{ 0, \frac{\sigma_2}{2^{1+l_2}} \right\} + \cdots + P_n \left\{ 0, \frac{\sigma_n}{2^{1+l_n}} \right\} + \cdots \tag{5.1.4}$$

构成测度 $\mu_{\mathcal{P}}$ 的一个正交集 (见引理 5.2.1). 若 $f \in L^1(\mu_{\mathcal{P}})$, 定义三角级数如下

$$S^{\sigma}(f, x) = \sum_{\lambda \in \Lambda^{\sigma}} \widehat{f}(\lambda) \mathrm{e}^{2\pi \mathrm{i} \lambda x} \qquad (\lambda \in \Lambda^{\sigma}), \tag{5.1.5}$$

其中, $\widehat{f}(\xi)$ 表示函数 $f \in L^1(\mu_{\mathcal{P}})$ 的傅里叶变换

$$\widehat{f}(\xi) = \int f(x)\mathrm{e}^{-2\pi\mathrm{i}\xi x}\mathrm{d}\mu_{\mathcal{P}}(x) \qquad (\xi \in \mathbb{R}). \tag{5.1.6}$$

定义式 (5.1.5) 中三角级数的部分和如下

$$S_n^\sigma(f,x) = \sum_{\lambda \in \Lambda^{\sigma|n}} \widehat{f}(\lambda)\mathrm{e}^{2\pi\mathrm{i}\lambda x}, \qquad (n \in \mathbb{N}_+), \tag{5.1.7}$$

其中 $\sigma|_n = \sigma_1 \cdots \sigma_n \in \{-1,1\}^n$,

$$\Lambda^{\sigma|n} = P_1\left\{0, \frac{\sigma_1}{2^{1+l_1}}\right\} + P_2\left\{0, \frac{\sigma_2}{2^{1+l_2}}\right\} + \cdots + P_n\left\{0, \frac{\sigma_n}{2^{1+l_n}}\right\}.$$

本章主要结果陈述如下.

定理 5.1.1　假设测度 $\mu_{\mathcal{P}}$ 如式 (5.1.1) 所示, 对每一个 n, 均存在离散集 $C_n \subseteq \mathbb{Z}$ 使得 $(p_n^{-1}D_n, C_n)$ 构成相容对, 并且 $\mathcal{P} = \{p_n, d_n\}_{n=1}^\infty$ 是一列正整数列使得 $0 < d_n < p_n$. 记 r, l_n 和 m_n 分别如下:

$$r := \sup_{n \geqslant 1}\frac{d_n}{p_n}, \quad d_n = 2^{l_n}d_n', \quad p_n = 2^{l_n+1}p_n', \quad m_n = \min_{j \geqslant n} p_j, \tag{5.1.8}$$

其中 $l_n \in \mathbb{N}$, $p_n' \in \mathbb{N}$, 且 d_n' 是奇数. 假设

$$c_r := \sup_{n \geqslant 1}\left(\frac{1}{p_n} + \frac{r\pi}{2^{l_n+1}(1 - m_{n+1}^{-1})}\right) < 1. \tag{5.1.9}$$

则对于每一个 $\sigma = \sigma_1\sigma_2\cdots \in \{-1,1\}^{\mathbb{N}}$, 均有如下结论成立.

(i) 若 $f \in L^\infty(\mu_{\mathcal{P}})$ 在点 $x \in T_{\mathcal{P}}$ 连续, 则 $\lim\limits_{n\to\infty} S_n^\sigma(f,x) = f(x)$. 进一步, 若 f 在集合 $T_{\mathcal{P}}$ 上处处连续, 则 $S_n^\sigma(f,x)$ 在紧集 $T_{\mathcal{P}}$ 上一致收敛于 $f(x)$.

(ii) 若 $f \in L^p(\mu_{\mathcal{P}})(1 \leqslant p < \infty)$, 则 $\lim\limits_{n\to\infty}\|S_n^\sigma(f,x) - f(x)\|_p = 0$.

(iii) 若 $\mathcal{P} = \{p_n, d_n\}_{n=1}^\infty$ 满足

$$e_r := \sup_{n \geqslant 1}\left(\frac{r\pi}{2^{l_n}(1 - m_{n+1}^{-1})}\right) < 1, \tag{5.1.10}$$

则对于任意的 $f(x) \in L^p(\mu_{\mathcal{P}})(p \geqslant 1)$, 有 $S_n^\sigma(f,x)$ 点态收敛于 $f(x)$, 关于测度 $\mu_{\mathcal{P}}$ 几乎处处成立.

当定理 5.1.1 (ii) 中取 $p = 2$ 时, 则对于任意的无穷词 $\sigma = \sigma_1\sigma_2\cdots \in \{-1,1\}^{\mathbb{N}}$, 式 (5.1.4) 中的集合 Λ^σ 均构成测度 $\mu_{\mathcal{P}}$ 的谱. 该类谱并未被文献 [74] 和 [112-113] 发现. 此时, 式 (5.1.5)、式(5.1.6) 和式 (5.1.7) 分别是文献 [24]、[48] 中由离散集 Λ^σ 定义给出的函数 $f \in L^1(\mu_{\mathcal{P}})$ 的 mock 傅里叶级数, mock 傅里叶变换和 mock 傅里叶级数的部分和. 从这个角度来看, 定理 5.1.1 的显著特点是谱测度 $\mu_{\mathcal{P}}$ 存在不可数多个指数型规范正交基使得其 mock 傅里叶级数在不同度量下收敛. 显然, 这与 Lebesgue 测度情形下的傅里叶级数收敛性完全不同.

如下对定理 5.1.1 的条件和结论给出几个注记.

注 5.1.1 著名的 Carleson-Hunt 定理[114-115] 证得圆周上的 $L^p(p > 1)$ 函数的傅里叶级数几乎处处点态收敛. 因此, 定理 5.1.1(iii) 可被视为是奇异测度 $\mu_{\mathcal{P}}$ 的 Carleson-Hunt 型定理.

注 5.1.2 定理 5.1.1 的证明依赖于式 (5.3.1) 中狄利克雷核 $D_n^\sigma(x)$ 的性质. 该核定义由式 (5.1.7) 中部分和 $S_n^\sigma(f, x)$ 诱导给出 (见定理 5.3.1). 从本质上说, 狄利克雷核的定义方式受启发于文献 [48]. 但是, 由于数字 d_n, p_n 的无界性, 这里需要一些新想法和证明技巧对测度 $\mu_{\mathcal{P}}$ 进行论证.

注 5.1.3 对定理 5.1.1 中的技术性条件式 (5.1.9) 和式 (5.1.10) 分析如下.

1) 上述条件分别来源于式 (5.3.10) 和式 (5.3.14) 中狄利克雷核的上界估计.

2) 式 (5.1.10) 蕴含式 (5.1.9). 这是因为条件 $e_r < 1$ 蕴含 $c_r \leqslant \frac{1}{2} + \frac{1}{2}e_r < 1$.

3) 由式 (5.1.9) 可知, 存在无穷多个正整数 n 使得 $p_n > 2$. 事实上, 若存在正整数 $N \in \mathbb{N}_+$ 使得 $n > N$ 蕴含 $p_n = 2$ 和 $d_n = 1$, 这意味着 $r \geqslant \frac{1}{2}$ 和 $m_n = 2$ 对于所有的 $n > N$ 均成立. 因此

$$c_r \geqslant \frac{1}{2} + \frac{\frac{1}{2}\pi}{2(1 - 1/2)} > 1,$$

这与式 (5.1.9) 矛盾.

4) 若正整数 n 充分大时, 有 $p_n = 2$ 且 $d_n = 1$, 则式 (5.1.2) 中集合 $T_{\mathcal{P}}$ 为有限多个区间的并集, 并且 $\mu_{\mathcal{P}}$ 是一个 Lebesgue 测度. 该情形下存在 $L^1(\mathbb{T})$ 函数的傅里叶级数发散. 因此, 若没有条件式 (5.1.9) 和式 (5.1.10), 定理 5.1.1 的结论可能

不再成立. 尽管这两个条件看起来很复杂, 但仍存在大量测度 $\mu_\mathcal{P}$ 满足该条件, 参见例 5.5.1.

本章节次安排如下: 5.2 节引入证明定理 5.1.1 所需要的一些基本事实; 5.3 节证明狄利克雷核具有渐近单位的好性质; 5.4 节证明定理 5.1.1; 5.5 节给出与定理 5.1.1 相关的例子和结果; 5.6 节给出本章小结.

5.2　预 备 知 识

首先计算可得测度的傅里叶变换是

$$\widehat{\mu}_\mathcal{P}(\xi) = \int e^{-2\pi i \xi x}\, d\mu_\mathcal{P}(x) = \prod_{n=1}^{\infty} \widehat{\delta}_{D_n}(P_n^{-1}\xi),$$

其中

$$\widehat{\delta}_{D_n}(\xi) = \frac{1}{2} + \frac{1}{2}e^{-2\pi i d_n \xi} = e^{-\pi i d_n \xi}\cos \pi d_n \xi, \quad (\xi \in \mathbb{R}).$$

对于任意的正整数 n, 定义

$$\mu_n = \delta_{P_1^{-1}D_1} * \delta_{P_2^{-1}D_2} * \cdots * \delta_{P_n^{-1}D_n}, \quad \mu_{>n} = \delta_{P_{n+1}^{-1}D_{n+1}} * \delta_{P_{n+2}^{-1}D_{n+2}} * \cdots,$$

且

$$B_n = \left\{ \sum_{j=1}^{n} P_j^{-1}d^{(j)} : d^{(j)} \in D_j \right\}, \quad K_n = \left\{ \sum_{j=n+1}^{\infty} P_j^{-1}d^{(j)} : d^{(j)} \in D_j \right\}.$$

显然集合 B_n 和 K_n 分别是测度 μ_n 和 $\mu_{>n}$ 的支撑集, 并且 $\mu_\mathcal{P}, T_\mathcal{P}$ 可以分别被分解为如下形式

$$\mu_\mathcal{P} = \mu_n * \mu_{>n} \quad \text{和} \quad T_\mathcal{P} = \bigcup_{b_n \in B_n} (K_n + b^{(n)}). \tag{5.2.1}$$

令

$$I_{b_n} = K_n + b_n, \qquad b_n \in B_n.$$

由 $T_\mathcal{P}$ 的几何构造可知 $T_\mathcal{P}$ 是一个完全不连通紧集. 注意到 $\{I_{b_n} : b_n \in B_n\}$ 中的任意两个集合至多相交于一个点. 因此, 每个集合 I_{b_n} 的测度均是 2^{-n}, 即有 $\mu_\mathcal{P}(I_{b_n}) = 2^{-n}$.

命题 5.2.1 集合 $T_{\mathcal{P}}$ 上的测度 $\mu_{\mathcal{P}}$ 是一个加倍测度, 即存在正常数 c 使得

$$\mu_{\mathcal{P}}(x - 2r, x + 2r) \leqslant c\mu_{\mathcal{P}}(x - r, x + r)$$

对于所有的 $x \in T_{\mathcal{P}}$ 和 $r > 0$ 成立.

证明 令

$$\delta_n := \operatorname{diam}(K_n) = \sup\{|x - y| : x, y \in K_n\}.$$

则对于任意的 $r > 0$, 存在唯一的正整数 $n \in \mathbb{N}_+$ 使得 $\delta_n \leqslant r < \delta_{n-1}$. 注意到

$$\operatorname{diam}(K_n) = \operatorname{diam}(I_{b_n}), \qquad b_n \in B_n.$$

因此, 对于任意的 $x \in T_{\mathcal{P}}$, 至少存在一个 I_{b_n} 使得 $I_{b_n} \subseteq (x - r, x + r)$, 故

$$\mu_{\mathcal{P}}(x - r, x + r) \geqslant 2^{-n}.$$

另外, 区间 $(x - 2r, x + 2r)$ 与集族 $\{I_{b_{n-1}} : b_{n-1} \in B_{n-1}\}$ 中的至多 4 个区间相交, 故

$$\mu_{\mathcal{P}}(x - 2r, x + 2r) \leqslant 4 \cdot 2^{-(n-1)} \leqslant 8\mu_{\mathcal{P}}(x - r, x + r).$$

命题 5.2.1 得证. $\qquad\qquad\qquad\qquad\qquad\qquad\qquad\qquad\qquad\qquad\qquad\square$

接下来采用相容对条件构造正交集. 事实上, 若令 $C_n = \{0, c_n\}$, 其中 $c_n \in \mathbb{Z}$, 则由相容对性质 (见命题 1.4.1), 对于每一个正整数 n, 均有

$$(p_n^{-1} D_n, C_n) \text{ 是一个相容对} \Leftrightarrow 1 + e^{2\pi i p_n^{-1} d_n c_n} = 1 \Leftrightarrow c_n \in \frac{p_n}{2d_n}(2\mathbb{Z} + 1).$$

如式 (5.1.3) 所示, 取 $d_n = 2^{l_n} d_n'$, 其中 $d_n' \in 2\mathbb{N} - 1$ 且 $l_n \in \mathbb{N}$. 定义

$$C_n = \left\{0, \frac{p_n}{2^{l_n+1}} q_n\right\}, \qquad q_n \in 2\mathbb{Z} + 1, \qquad (n \in \mathbb{N}).$$

则对于任意的 $n \in \mathbb{N}$, 均有 $(p_n^{-1} D_n, C_n)$ 构成一个相容对. 容易验证集合

$$\Lambda(\mathcal{P}, \{C_n\}) := C_1 + P_1 C_2 + \cdots + P_{n-1} C_n + \cdots$$

构成测度 $\mu_{\mathcal{P}}$ 的一个正交集, 其中 $P_n = p_1 \cdots p_n$. 换言之, 如下引理成立.

引理 5.2.1　采用如上术语, 对于任意的 $q = q_1 q_2 \cdots q_n \cdots \in (2\mathbb{Z}+1)^{\mathbb{N}}$, 令

$$\Lambda^{q|n} = P_1\left\{0, \frac{q_1}{2^{1+l_1}}\right\} + P_2\left\{0, \frac{q_2}{2^{1+l_2}}\right\} + \cdots + P_n\left\{0, \frac{q_n}{2^{1+l_n}}\right\} \qquad n \in \mathbb{N}.$$

则如下离散集

$$\Lambda^q = \bigcup_{n=1}^{\infty} \Lambda^{q|n} \tag{5.2.2}$$

构成测度 $\mu_{\mathcal{P}}$ 的一个正交集.

5.3　狄利克雷核

根据引理 5.2.1 中的正交集, 定义狄利克雷核如下.

定义 5.3.1　对于 $\sigma = \sigma_1 \sigma_2 \cdots \in \{-1, 1\}^{\mathbb{N}}$ 和每个 $n \in \mathbb{N}$, 定义 $\sigma|_n = \sigma_1 \cdots \sigma_n$ 和

$$\Lambda^{\sigma|n} = P_1\left\{0, \frac{\sigma_1}{2^{1+l_1}}\right\} + P_2\left\{0, \frac{\sigma_2}{2^{1+l_2}}\right\} + \cdots + P_n\left\{0, \frac{\sigma_n}{2^{1+l_n}}\right\}.$$

定义狄利克雷核如下

$$D_n^{\sigma}(x) = \sum_{\lambda \in \Lambda^{\sigma|n}} \mathrm{e}^{2\pi\mathrm{i}\lambda x} = \prod_{k=1}^{n}\left(1 + \mathrm{e}^{2\pi\mathrm{i}\frac{P_k \sigma_k}{2^{1+l_k}}x}\right) \quad (x \in \mathbb{R}, n \in \mathbb{N}). \tag{5.3.1}$$

结合式 (5.1.6)、式 (5.1.7) 中三角级数的部分和 $S_n^{\sigma}(f, x)$ 被写为

$$S_n^{\sigma}(f, x) = \sum_{\lambda \in \Lambda^{\sigma|n}} \widehat{f}(\lambda)\mathrm{e}^{2\pi\mathrm{i}\lambda x} = \int f(y) D_n^{\sigma}(x-y)\mathrm{d}\mu_{\mathcal{P}}(y). \tag{5.3.2}$$

在条件式 (5.1.8) 和式 (5.1.9) 假设下, 引理 5.3.1 给出 $|D_n^{\sigma}(x-y)|$ 的上界估计. 这对定理 5.3.1 的证明至关重要. 特别地, 定理 5.3.1 表明对于任意的 $x \in T_{\mathcal{P}}$, 狄利克雷核函数 $\{D_n^{\sigma}(x - \cdot)\}_{n \in \mathbb{N}}$ 具有渐近单位 (approximate identity) 的好性质.

事实上, 若 $x, y \in T_{\mathcal{P}}$, 则对于任意的 n, 总存在 b_n 和 $\tilde{b}_n$ 使得 $x \in I_{b_n}$ 和 $y \in I_{\tilde{b}_n}$. 显然, $x \in I_{b_n}$ 和 $y \in I_{\tilde{b}_n}$ 可以被唯一分解为

$$x = \sum_{j=1}^{n} P_j^{-1} d^{(j)} + \sum_{j=n+1}^{\infty} P_j^{-1} d_x^{(j)}, \tag{5.3.3}$$

$$y = \sum_{j=1}^{n} P_j^{-1} \tilde{d}^{(j)} + \sum_{j=n+1}^{\infty} P_j^{-1} d_y^{(j)}, \tag{5.3.4}$$

其中, $d^{(j)}, d_x^{(j)} \in D_j = \{0, d_j\}, \tilde{d}^{(j)}, d_y^{(j)} \in D_j = \{0, d_j\}.$

现将满足条件 $d^{(s_j)} \neq \tilde{d}^{(s_j)}, 1 \leqslant j \leqslant n$ 的所有指标列举如下

$$1 \leqslant s_1 < s_2 < \cdots < s_m \leqslant n < s_{m+1}. \tag{5.3.5}$$

不失一般性, 取 $s_{m+1} = n + 1.$

引理 5.3.1 采用如上术语, 假设定理 5.1.1 中的条件式 (5.1.8) 和式 (5.1.9) 均成立, 则

$$|D_n^\sigma(x-y)| \leqslant 2^n \left(\prod_{j=s_1}^{n} p_j^{-1} \right) \left(\prod_{j=1}^{m} \frac{r\pi p'_{s_j}}{1 - m_{s_j+1}^{-1}} \right), \tag{5.3.6}$$

其中 r, p_k, p'_k, l_k, m_k 如式 (5.1.8).

证明 该证明需要估计 $|D_n^\sigma(x-y)|$ 的每个因子的上界. 如下分为两种情况进行讨论.

(1) 若 $d^{(k)} = \tilde{d}^{(k)}, 1 \leqslant k \leqslant n,$ 则

$$\left| 1 + \mathrm{e}^{2\pi\mathrm{i} \frac{P_k \sigma_k}{2^{1+l_k}}(x-y)} \right| \leqslant 2. \tag{5.3.7}$$

(2) 若 $d^{(k)} \neq \tilde{d}^{(k)}, 1 \leqslant k \leqslant n,$ 则

$$\left| 1 + \mathrm{e}^{2\pi\mathrm{i} \frac{P_k \sigma_k}{2^{1+l_k}}(x-y)} \right|$$

$$= \left| 1 + \mathrm{e}^{\pi\mathrm{i}2^{-l_k} \sigma_k (d_x^{(k)} - d_y^{(k)})} \mathrm{e}^{\pi\mathrm{i}2^{-l_k} \sum\limits_{j=k+1}^{\infty} \sigma_j (p_{k+1}\cdots p_j)^{-1}(d_x^{(j)} - d_y^{(j)})} \right|$$

$$= \left| 1 - \mathrm{e}^{\pi\mathrm{i}2^{-l_k} \sum\limits_{j=k+1}^{\infty} \sigma_j (p_{k+1}\cdots p_j)^{-1}(d_x^{(j)} - d_y^{(j)})} \right|$$

$$\leqslant \pi 2^{-l_k} \sum_{j=k+1}^{\infty} (p_{k+1}\cdots p_j)^{-1} d_j.$$

此处, 第一个等式是应用式 (5.1.8) 和函数 $\mathrm{e}^{2\pi\mathrm{i}t}$ 的整周期性质, 第二个等式是因为 $2^{-l_k}\sigma_k(d_x^{(k)} - d_y^{(k)}) \in 2\mathbb{Z} + 1$, 最后一个等式是因为 $|1 - \mathrm{e}^{\pi\mathrm{i}t}| \leqslant \pi|t|$ $(t \in \mathbb{R}).$

因此, 对每一个 $d^{(s_j)} \neq \tilde{d}^{(s_j)}$, $1 \leqslant s_j \leqslant n$, 可得

$$
\left| 1 + \mathrm{e}^{2\pi \mathrm{i} \frac{P_{s_j} \sigma_{s_j}}{2^{1+l_{s_j}}}(x-y)} \right|
$$

$$
\leqslant \left| \pi 2^{-l_{s_j}} (p_{s_j+1} \cdots p_{s_{j+1}-1})^{-1} \sum_{i=j+1}^{\infty} (p_{s_{j+1}} p_{s_{j+1}+1} \cdots p_{s_i})^{-1} (d_{s_i}) \right|
$$

$$
\leqslant \pi 2^{-l_{s_j}} (p_{s_j+1} \cdots p_{s_{j+1}-1})^{-1} \frac{r}{1 - m_{s_{j+1}}^{-1}}
$$

$$
= 2 (p_{s_j} p_{s_j+1} \cdots p_{s_{j+1}-1})^{-1} \frac{r \pi p'_{s_j}}{1 - m_{s_{j+1}}^{-1}}, \tag{5.3.8}
$$

其中第二个不等式成立是因为 $r := \sup\limits_{n \geqslant 1} \dfrac{d_n}{p_n}$ 和 $m_n = \min\limits_{j \geqslant n} p_j$, $n \geqslant 1$.

根据式 (5.3.1)、式(5.3.7)、式(5.3.8) 和关系式 $m_{s_j+1} \geqslant m_{s_{j+1}}$, 可得

$$
|D_n^\sigma(x-y)| \leqslant 2^n \left(\prod_{j=s_1}^{n} p_j^{-1} \right) \left(\prod_{j=1}^{m} \frac{r \pi p'_{s_j}}{1 - m_{s_{j+1}}^{-1}} \right) \leqslant 2^n \left(\prod_{j=s_1}^{n} p_j^{-1} \right) \left(\prod_{j=1}^{m} \frac{r \pi p'_{s_j}}{1 - m_{s_{j+1}}^{-1}} \right),
$$

引理 5.3.1 得证.　　□

定理 5.3.1　假设定理 5.1.1 中的条件式 (5.1.8) 和式 (5.1.9) 成立, 则对于任意的 $x \in T_\mathcal{P}$ 和任意的 $\sigma := \sigma_1 \sigma_2 \cdots \in \{-1, 1\}^{\mathbb{N}}$, 函数 $\{D_n^\sigma(x - \cdot)\}$ 具有如下性质:

(i) 对于任意的 $n \in \mathbb{N}$, 有

$$
\int_{T_\mathcal{P}} D_n^\sigma(x-y) \, \mathrm{d}\mu_\mathcal{P}(y) = 1.
$$

(ii) 存在常数 $M > 0$, 使得对于任意的 $n \in \mathbb{N}$,

$$
\int_{T_\mathcal{P}} |D_n^\sigma(x-y)| \, \mathrm{d}\mu_\mathcal{P}(y) \leqslant M.
$$

(iii) 对于任意的 $\delta > 0$, 有

$$
\lim_{n \to \infty} \int_{\{y \in T_\mathcal{P}: |x-y| > \delta\}} |D_n^\sigma(x-y)| \, \mathrm{d}\mu_\mathcal{P}(y) = 0.
$$

证明　因为 $0 \in \Lambda^{\sigma|n}$ 且 $E(\Lambda^{\sigma|n})$ 构成 $\mu_\mathcal{P}$ 的一个正交集 (见引理 5.2.1), 所以

$$
\int_{\mathbb{R}} D_n^\sigma(x-y) \, \mathrm{d}\mu_\mathcal{P}(y) = 1 + \sum_{\lambda \in \Lambda^{\sigma|n} \setminus \{0\}} \mathrm{e}^{2\pi \mathrm{i} \lambda x} \int_{\mathbb{R}} \mathrm{e}^{-2\pi \mathrm{i} \lambda y} \, \mathrm{d}\mu_\mathcal{P}(y) = 1 + 0 = 1.
$$

故 (i) 得证.

下证 (ii). 根据式 (5.2.1) 可得

$$\int_{T_{\mathcal{P}}} |D_n^\sigma(x-y)| \, \mathrm{d}\mu_{\mathcal{P}}(y) = \sum_{b_n \in B_n} \int_{I_{b_n}} |D_n^\sigma(x-y)| \, \mathrm{d}\mu_{\mathcal{P}}(y).$$

根据 $\mu_{\mathcal{P}}(I_{b_n}) = 2^{-n}$, 对于每一个 $d^{(n)}$ 有

$$\int_{I_{b_n}} |D_n^\sigma(x-y)| \, \mathrm{d}\mu_{\mathcal{P}}(y) = \int_{I_{b_n}} \prod_{k=1}^{n} \left| 1 + \mathrm{e}^{2\pi\mathrm{i}\frac{P_k\sigma_k}{2^{1+l_k}}(x-y)} \right| \, \mathrm{d}\mu_{\mathcal{P}}(y)$$

$$\leqslant \mu_{\mathcal{P}}(I_{b_n}) \cdot 2^n = 1.$$

由引理 5.3.1 可知, 对于任意的 $\tilde{b}_n \neq b_n$, 有

$$\int_{I_{\tilde{b}_n}} |D_n^\sigma(x-y)| \, \mathrm{d}\mu_{\mathcal{P}}(y) \leqslant \left(\prod_{j=s_1}^{n} p_j^{-1} \right) \left(\prod_{j=1}^{m} \frac{r\pi p'_{s_j}}{1 - m_{s_j+1}^{-1}} \right). \tag{5.3.9}$$

对每一个固定的 $b_n = \sum\limits_{j=1}^{n} P_j^{-1} d^{(j)} \in D_n$, 令

$$\mathcal{A}_{s_1}^{(n)} := \left\{ \tilde{b}_n = \sum_{j=1}^{n} P_j^{-1} \tilde{d}^{(j)} : \tilde{d}^{(j)} = d^{(j)} \text{ 若 } 1 \leqslant j \leqslant s_1 - 1, \ \tilde{d}^{(s_1)} \neq d^{(s_1)} \right\}.$$

接下来, 对 $I_{\tilde{b}_n} \in \mathcal{A}_{s_1}^{(n)}$ $(s_1 \leqslant n-1)$ 求和, 由式 (5.3.9) 可得

$$\sum_{\tilde{b}_n \in \mathcal{A}_{s_1}^{(n)}} \int_{I_{\tilde{b}_n}} |D_n^\sigma(x-y)| \mathrm{d}\mu_{\mathcal{P}}(y)$$

$$\leqslant \left(\prod_{j=s_1}^{n} p_j^{-1} \right) \cdot \frac{r\pi p'_{s_1}}{1 - m_{s_1+1}^{-1}} \cdot \left(\prod_{j=s_1+1}^{n} \left(1 + \frac{r\pi p'_j}{1 - m_{j+1}^{-1}} \right) \right)$$

$$= \frac{r\pi p'_{s_1}}{p_{s_1}(1 - m_{s_1+1}^{-1})} \cdot \left(\prod_{j=s_1+1}^{n} p_j^{-1} \left(1 + \frac{r\pi p'_j}{1 - m_{j+1}^{-1}} \right) \right)$$

$$= \frac{r\pi}{2^{l_{s_1}+1}(1 - m_{s_1+1}^{-1})} \left(\prod_{j=s_1+1}^{n} \left(\frac{1}{p_j} + \frac{r\pi}{2^{l_j+1}(1 - m_{j+1}^{-1})} \right) \right)$$

$$\leqslant \pi c_r^{n-s_1}, \qquad (\text{根据式 } (5.1.9)). \tag{5.3.10}$$

若 $s_1 = n$, 则 $\mathcal{A}_{s_1}^{(n)}$ 只包含一个元素, 此时有

$$\sum_{\tilde{b}_n \in \mathcal{A}_n^{(n)}} \int_{I_{\tilde{b}_n}} |D_n^\sigma(x-y)| \mathrm{d}\mu_{\mathcal{P}}(y) = \int_{I_{\tilde{b}_n}} |D_n^\sigma(x-y)| \mathrm{d}\mu_{\mathcal{P}}(y) \leqslant 1 < \pi.$$

因此, 命题 (ii) 可由如下不等式证得

$$\int_{T_{\mathcal{P}}} |D_n^\sigma(x-y)| \, \mathrm{d}\mu_{\mathcal{P}}(y) = \int_{I_{b_n}} |D_n^\sigma(x-y)| \, \mathrm{d}\mu_{\mathcal{P}}(y)$$
$$+ \sum_{s_1=1}^n \sum_{\tilde{b}_n \in \mathcal{A}_{s_1}^{(n)}} \int_{I_{\tilde{b}_n}} |D_n^\sigma(x-y)| \, \mathrm{d}\mu_{\mathcal{P}}(y)$$
$$\leqslant 1 + \pi \sum_{s_1=1}^n c_r^{n-s_1} < \infty.$$

下证 (iii). 首先由条件 $|x-y| \geqslant \delta_k := P_k^{-1}$ 可知, 存在 $\tilde{b}_n \in \mathcal{A}_{s_1}^{(n)}$, $s_1 \leqslant k+1$ 使得 $y \in I_{\tilde{b}_n}$.

事实上, 若 $s_1 > k+1$, 则由式 (5.3.3) 和式 (5.3.4) 可得

$$|x-y| \leqslant P_{s_1}^{-1}(d_{s_1} + p_{s_1+1}^{-1} d_{s_1+1} + p_{s_1+1}^{-1} p_{s_1+2}^{-1} d_{s_1+2} + \cdots)$$
$$\leqslant P_{s_1-1}^{-1} < P_k^{-1}.$$
(5.3.11)

矛盾. 因此上述断言成立.

故

$$\int_{|x-y| \geqslant \delta_k} |D_n^\sigma(x-y)| \mathrm{d}\mu_{\mathcal{P}}(y) \leqslant \sum_{s_1=1}^{k+1} \sum_{\tilde{b}_n \in \mathcal{A}_{s_1}^{(n)}} \int_{I_{\tilde{b}_n}} |D_n^\sigma(x-y)| \mathrm{d}\mu_{\{p_n\},\{D_n\}}(y)$$
$$\leqslant \pi \sum_{s_1=1}^{k+1} c_r^{n-s_1} \qquad (\text{根据式 } (5.3.10))$$
$$\leqslant \frac{\pi}{1-c_r} c_r^{n-k-1}.$$
(5.3.12)

因为 k 是任意的, 上述不等式意味着定理 5.3.1 (iii) 成立, 即有

$$\lim_{n \to \infty} \int_{|x-y| \geqslant \delta} |D_n^\sigma(x-y)| \mathrm{d}\mu_{\mathcal{P}}(y) = 0 \quad (\forall \delta > 0).$$

定理 5.3.1 得证. □

下述引理 5.3.2 是引理 5.3.1 的一个强化版本, 它在式 (5.1.8) 和式 (5.1.10) 下给出函数 $|D_n^\sigma(x-y)|$ 一致收敛于 0 的速率.

引理 5.3.2 假设定理 5.1.1 中的式 (5.1.8) 和式 (5.1.10) 成立, 则对于任意的常数 $\delta_k = P_k^{-1}$, 下述不等式

$$|D_n^\sigma(x-y)| \leqslant 2^k e_r^{n-k} \tag{5.3.13}$$

对于任意的 $n \geqslant k+1$ 和 $|x-y| \geqslant \delta_k$ 成立, 其中 e_r 如式 (5.1.10) 所示. 因此, 对于任意固定的常数 $\delta > 0$ 和点 $x \in T_{\mathcal{P}}$, 若 $n \to \infty$, 则函数 $D_n^\sigma(x-y)$ 在集合 $\{y \in \mathbb{R} : |x-y| \geqslant \delta\}$ 上一致收敛于 0.

证明 根据 $r := \sup_{n \geqslant 1} \dfrac{d_n}{p_n}$, 其中 $d_n = 2^{l_n} d_n'$, $p_n = 2^{l_n+1} p_n'$, 可得

$$r\pi p_j' = r\pi \frac{p_j}{2^{l_j+1}} = \frac{r\pi d_j}{2^{l_j+1}\frac{d_j}{p_j}} \geqslant \frac{\pi d_j'}{2} > 1.$$

故引理 5.3.1 中的式 (5.3.6) 满足如下不等式

$$
\begin{aligned}
|D_n^\sigma(x-y)| &\leqslant 2^n \left(\prod_{j=s_1}^{n} p_j^{-1} \right) \left(\prod_{j=s_1}^{n} \frac{r\pi p_j'}{1 - m_{j+1}^{-1}} \right) \\
&= 2^n \prod_{j=s_1}^{n} \left(p_j^{-1} \frac{r\pi p_j'}{1 - m_{j+1}^{-1}} \right) \\
&= 2^n \prod_{j=s_1}^{n} \frac{r\pi}{2^{1+l_j}(1 - m_{j+1}^{-1})} \\
&\leqslant 2^n \left(\frac{e_r}{2} \right)^{n-s_1+1} \quad (\text{根据式 (5.1.10)}).
\end{aligned}
\tag{5.3.14}
$$

由式 (5.3.11) 可知 $|x-y| \geqslant P_k^{-1} = \delta_k$ 蕴含 $1 \leqslant s_1 \leqslant k+1$. 故

$$|D_n^\sigma(x-y)| \leqslant 2^n \left(\frac{e_r}{2} \right)^{n-k} = 2^k e_r^{n-k}.$$

这就完成了引理 5.3.2 的证明. □

5.4　定理 5.1.1 的证明

5.4.1　定理 5.1.1 (i), (ii) 的证明

若 $b_n \in B_n$, 采用 $1_{I_{b_n}}$ 表示定义在集合 I_{b_n} 上的示性函数, 令

$$\mathcal{S} = \bigcup_{n=1}^{\infty} \mathcal{S}_n \quad \text{其中} \quad \mathcal{S}_n = \left\{ \sum_{b_n \in B_n} w_{b_n} 1_{I_{b_n}} : w_{b_n} \in \mathbb{C} \right\}$$

为定义在紧集 $T_\mathcal{P}$ 上的复值 $\mu_\mathcal{P}$-可测简单函数的全体. 因为紧集 $T_\mathcal{P}$ 是完全不连通集, 所以每一个示性函数均连续, 并且有 $\mathcal{S} \subseteq C(T_\mathcal{P}) \subseteq L^p(\mu_\mathcal{P})$.

命题 5.4.1　若 $1 \leqslant p < \infty$, 则集合 $\mathcal{S}$ 稠密于 $L^p(\mu_\mathcal{P})$.

证明　若 $f \geqslant 0$, 则存在一类单调递增简单函数列 $s_n \in \mathcal{S}$ 使得 $s_n \leqslant f$ 且 $\lim\limits_{n \to \infty} s_n(x) = f(x)$. 因此, $s_n \in L^p(\mu_\mathcal{P})$ 并且 $|f - s_n|^p \leqslant f^p$. 由 Lebesgue 控制收敛定理可得该结论对非负可测函数成立. 采用标准测度论知识, 可知该结论对实值函数和复值函数也成立. ▫

引理 5.4.1　*假设定理 5.1.1 中的条件式 (5.1.8) 和式 (5.1.9) 成立. 若 $1 \leqslant p \leqslant \infty$, 则存在常数 c_p 使得*

$$\sup_{n \geqslant 1} \|S_n^\sigma(f, x)\|_p \leqslant c_p \|f\|_p, \qquad (f \in L^p(\mu_\mathcal{P})).$$

换言之,

$$\sup_{n \geqslant 1} \|S_n^\sigma\|_p \leqslant c_p, \quad \text{其中} \quad \|S_n^\sigma\|_p := \sup_{\|f\|_p \neq 0} \frac{\|S_n^\sigma(f, x)\|_p}{\|f\|_p}.$$

证明　根据 Fubini-Tonelli 定理和定理 5.3.1 (ii), 对于任意的 $f \in L^1(\mu_\mathcal{P})$,

$$\|S_n^\sigma(f, x)\|_1 \leqslant \iint |f(y) D_n^\sigma(x - y)| \, \mathrm{d}\mu_\mathcal{P}(y) \, \mathrm{d}\mu_\mathcal{P}(x)$$

$$= \int |f(y)| \int |D_n^\sigma(x - y)| \, \mathrm{d}\mu_\mathcal{P}(x) \, \mathrm{d}\mu_\mathcal{P}(y)$$

$$\leqslant M \|f\|_1,$$

其中, 常数 M 由定理 5.3.1 (ii) 定义给出. 类似地, 对于任意的 $f \in L^\infty(\mu_\mathcal{P})$ 有

$$\|S_n^\sigma(f, x)\|_\infty \leqslant \|f\|_\infty \int |D_n^\sigma(x - y)| \, \mathrm{d}\mu_\mathcal{P}(y) \leqslant M \|f\|_\infty.$$

根据 Riesz-Thorin 定理 (可参见文献 [116] 的定理 6.27), 存在正常数 c_p 使得

$$\|S_n^\sigma(f, x)\|_p \leqslant c_p \|f\|_p$$

对于 $f \in L^p(\mu_{\mathcal{P}}), 1 \leqslant p \leqslant \infty$ 均成立. 这就完成了引理 5.4.1 的证明. □

现在给出定理 5.1.1 (i), (ii) 的证明.

定理 5.1.1 (i) 的证明 假设函数 f 在点 $x \in T_{\mathcal{P}}$ 处连续, 固定 $\varepsilon > 0$, 则存在充分大的 $k \in \mathbb{N}$ 使得 $|x - y| < P_k^{-1}$ 蕴含

$$|f(x) - f(y)| < \varepsilon. \tag{5.4.1}$$

由式 (5.3.2) 和定理 5.3.1(i) 可得

$$
\begin{aligned}
|S_n^\sigma(f, x) - f(x)| &= \left| \int (f(y) - f(x)) D_n^\sigma(x - y) \, \mathrm{d}\mu_{\mathcal{P}}(y) \right| \\
&\leqslant \int |f(y) - f(x)| \cdot |D_n^\sigma(x - y)| \, \mathrm{d}\mu_{\mathcal{P}}(y) \\
&\leqslant \int_{|x-y| < P_k^{-1}} |f(y) - f(x)| \cdot |D_n^\sigma(x - y)| \, \mathrm{d}\mu_{\mathcal{P}}(y) + \\
&\quad \int_{|x-y| \geqslant P_k^{-1}} |f(y) - f(x)| \cdot |D_n^\sigma(x - y)| \, \mathrm{d}\mu_{\mathcal{P}}(y) \\
&\leqslant \varepsilon M + 2 \| f \|_\infty \frac{\pi}{1 - c_r} c_r^{n-k-1} \tag{5.4.2} \\
&\to 0, \quad (\text{若 } n \to \infty, \varepsilon \to 0),
\end{aligned}
$$

其中, 上式中最后一个不等式是根据定理 5.3.1(ii)、式(5.3.12) 和式 (5.4.1). 这就证得 $S_n^\sigma(f, x)$ 收敛于 $f(x)$.

注意到 f 在紧集 $T_{\mathcal{P}}$ 上一致连续. 因此, 式 (5.4.1) 和式 (5.4.2) 中 ε 的选取并不依赖于点 $x \in T_{\mathcal{P}}$. 在式 (5.4.2) 中选取合适的正整数 k $\left(\text{例如, 取 } k = \left[\frac{n}{2}\right]\right)$, 则 $S_n^\sigma(f, x)$ 在紧集 $T_{\mathcal{P}}$ 上一致收敛于 $f(x)$.

定理 5.1.1 (ii) 的证明 对任意的 $\varepsilon > 0$ 和任意的 $f \in L^p(\mu_{\mathcal{P}})$, 由命题 5.4.1 知, 存在 $g \in \mathcal{S}$ 使得 $f = g + h$ 且 $\|h\|_p < \varepsilon$. 根据 Minkowski 不等式和引理 5.4.1 可得

$$\|S_n^\sigma(f, x) - f(x)\|_p = \|S_n^\sigma(g + h, x) - (g + h)(x)\|_p$$

$$\leqslant \|S_n^\sigma(g,x) - g(x)\|_p + (\sup_{n \geqslant 1} \|S_n^\sigma(h,x)\|_p + \|h\|_p)$$

$$\leqslant \|S_n^\sigma(g,x) - g(x)\|_\infty + (c_p + 1)\|h\|_p,$$

其中 c_p 如引理 5.4.1 所示. 根据定理 5.1.1(i) 和 ε 的任意性, 得到

$$\overline{\lim_{n \to \infty}} \|S_n(f) - f\|_p \leqslant 0.$$

故 $\lim\limits_{n \to \infty} \|S_n(f) - f\|_p = 0$ 对于所有的 $f \in L^p(\mu_{\mathcal{P}})$ 均成立. 定理 5.1.1 (ii) 得证. □

5.4.2　定理 5.1.1 (iii) 的证明

定义函数 $f \in L^1(\mu_{\mathcal{P}})$ 的 Hardy-Littlewood 极大算子如下

$$M_{\mu_{\mathcal{P}}} f(x) = \sup_{n \in \mathbb{N}} \frac{1}{\mu_{\mathcal{P}}(I_{d^{(n)}})} \int_{I_{d^{(n)}}} |f(y)| \,\mathrm{d}\mu_{\mathcal{P}}(y), \tag{5.4.3}$$

其中上确界取遍包含点 x 的所有的集合 $I_{d^{(n)}}$.

下述结果表明算子 $M_{\mu_{\mathcal{P}}}$ 是弱 (1,1) 型.

引理 5.4.2　*对于任意的 $\lambda > 0$ 和 $f \in L^1(\mu_{\mathcal{P}})$, 存在常数 $c > 0$ 使得*

$$\mu_{\mathcal{P}}\left(\{x \in T_{\mathcal{P}} : M_{\mu_{\mathcal{P}}} f(x) > \lambda\}\right) \leqslant \frac{c}{\lambda} \|f\|_1.$$

证明　固定 $\lambda > 0$ 和 $f \in L^1(\mu_{\mathcal{P}})$. 令 $E_\lambda := \{x \in T_{\mathcal{P}} : M_{\mu_{\mathcal{P}}} f(x) > \lambda\}$. 若 $x \in E_\lambda$, 由式 (5.4.3) 可知, 存在一个集合 I_{b_n}, $b_n \in B_n$, (方便起见, 记该集合为 $I_b(x)$), 使得 $x \in I_b(x)$ 并且

$$\frac{1}{\mu_{\mathcal{P}}(I_b(x))} \int_{I_b(x)} |f(y)| \,\mathrm{d}\mu_{\mathcal{P}}(y) > \lambda. \tag{5.4.4}$$

记 $U_b(x)$ 为集合 $I_b(x)$ 的凸包, 即 $\alpha s + (1 - \alpha)t \in U_b(x)$ 对于所有的 $0 \leqslant \alpha \leqslant 1$ 和 $s, t \in I_b(x)$ 均成立. 显然, $U_b(x)$ 是一个闭区间使得

$$\mathrm{diam}(I_b(x)) = \mathrm{diam}(U_b(x)) \ \text{且} \ U_b(x) \cap T_{\mathcal{P}} = I_b(x).$$

由命题 5.2.1 知测度 $\mu_{\mathcal{P}}$ 是集合 $T_{\mathcal{P}}$ 上的一个加倍测度, 故存在常数 $c > 0$ 使得

$$\mu_{\mathcal{P}}(5U_b(x)) \leqslant c\mu_{\mathcal{P}}(U_b(x)) = c\mu_{\mathcal{P}}(I_b(x)). \tag{5.4.5}$$

注意到集族 $\{U_b(x)\}_{x \in E_\lambda}$ 构成集合 E_λ 的一个覆盖. 由 Vitali 覆盖定理 (参见文献 [117] 的定理 2.1), 存在至多可数多个不交集 $\{U_{b_j}(x_j)\} \subset \{U_b(x)\}_{x \in E_\lambda}$ 使得

$$E_\lambda \subset \bigcup_{j=1}^{\infty} 5U_{b_j}(x_j).$$

因此, 由式 (5.4.5) 可得

$$
\begin{aligned}
\mu_\mathcal{P}(E_\lambda) &\leqslant \sum_j \mu_\mathcal{P}(5U_{b_j}(x_j)) \leqslant c \sum_j \mu_\mathcal{P}(I_{b_j}(x_j)) \\
&\leqslant \frac{c}{\lambda} \sum_j \int_{I_{b_j}(x_j)} |f(y)| \, \mathrm{d}\mu_\mathcal{P}(y) \qquad \text{(根据式 (5.4.4))} \\
&\leqslant \frac{c}{\lambda} \int_{\bigcup_j I_{b_j}(x_j)} |f(y)| \, \mathrm{d}\mu_\mathcal{P}(y) \\
&\leqslant \frac{c}{\lambda} \|f\|_1.
\end{aligned}
$$

引理 5.4.2 得证. $\qquad\qquad\qquad\qquad\qquad\qquad\qquad\qquad\qquad\qquad\qquad\quad \square$

假设 $\{S_n^\sigma\}$ 是作用在函数空间 $L^p(\mu_\mathcal{P})$, $1 \leqslant p < \infty$ 上的部分和算子. 定义 $\{S_n^\sigma\}$ 的极大算子 T^* 为

$$T^*f(x) = \sup_n |S_n^\sigma(f, x)|.$$

下述定理表明: 若式 (5.1.8) 和式 (5.1.10) 成立, 则算子 T^* 也是弱 $(1,1)$ 型.

定理 5.4.1 假设定理 5.1.1 中式 (5.1.8) 和式 (5.1.10) 成立, 则存在正常数 C 使得对于所有的 $f \in L^1(\mu_\mathcal{P})$ 有

$$T^*f(x) = \sup_n |S_n^\sigma(f, x)| \leqslant C M_{\mu_\mathcal{P}} f(x).$$

故对于任意的 $\lambda > 0$ 和 $f \in L^1(\mu_\mathcal{P})$, 有

$$\mu_\mathcal{P}\left(\{x \in T_\mathcal{P} : T^*f(x) > \lambda\} \right) \leqslant \frac{5C}{\lambda} \|f\|_1.$$

定理 5.4.1 的证明需要用到如下命题 5.4.2.

命题 5.4.2　假设定理 5.1.1 中式 (5.1.8) 和式 (5.1.10) 成立. 若 $\tilde{b}_n, b_n \in B_n$ $(n \geqslant 1)$ 是互异词, 则

$$\mathrm{dist}(I_{\tilde{b}_n}, I_{b_n}) \geqslant P_{n+1}^{-1}.$$

此处 $\mathrm{dist}(E, F)$ 表示集合 E, F 之间的距离, 即

$$\mathrm{dist}(E, F) = \inf\{|e - f| : e \in E, f \in F\}.$$

证明　首先证明 $d_n + 1 < p_n$ 对于所有的 $n \geqslant 1$ 均成立. 事实上, 式 (5.1.10) 蕴含

$$\frac{r\pi}{2^{l_n}(1 - m_{n+1}^{-1})} < 1,$$

故 $r\pi < 2^{l_n}$. 因此, 可以分类讨论如下:

(i) 若 $l_n = 0$, 则 $r = \sup\limits_{n \geqslant 1} \dfrac{d_n}{p_n} < \dfrac{1}{\pi} < \dfrac{1}{2}$, 故 $p_n > 2d_n \geqslant d_n + 1$;

(ii) 若 $l_n \geqslant 1$, 则 $d_n = 2^{l_n} d_n'$ 且 $p_n = 2^{l_n} p_n'$ 是偶数. 显然, $p_n > d_n + 1$.

其次, 任意两个不同的 $b_n, \tilde{b}_n \in B_n$ 可写为

$$b_n = \sum_{j=1}^{n} P_j^{-1} d^{(j)}, \quad \tilde{b}_n = \sum_{j=1}^{n} P_j^{-1} \tilde{d}^{(j)},$$

其中 $d^{(j)}, \tilde{d}^{(j)} \in D_j = \{0, d_j\}, 1 \leqslant j \leqslant n$.

假设 $1 \leqslant s_1 \leqslant n$ 是满足条件 $d^{(j)} \neq \tilde{d}^{(j)}$ 的最小指标, 故

$$\mathrm{dist}(I_{\tilde{b}_n}, I_{b_n}) \geqslant P_{s_1}^{-1} d_{s_1} - \sum_{j=s_1+1}^{\infty} P_j^{-1} d_j \geqslant P_{s_1+1}^{-1}[p_{s_1+1} - (d_{s_1+1} + 1)]$$

$$> P_{s_1+1}^{-1} \geqslant P_{n+1}^{-1}.$$

命题得证.　　　　　　　　　　　　　　　　　　　　　　　　　　　　□

现在给出定理 5.4.1 的证明.

定理 5.4.1 的证明　固定 $x \in T_{\mathcal{P}}$ 和 $n \in \mathbb{N}$. 已知存在唯一的 $b_j \in B_j, 1 \leqslant j \leqslant n$ 使得 $x \in I_{b_j}$ 并且有如下包含关系

$$I_{b_1} \supseteq I_{b_2} \supseteq \cdots \supseteq I_{b_n}.$$

令

$$J_k = I_{d^{(k)}} \setminus I_{d^{(k+1)}}, \quad \text{其中 } 1 \leqslant k \leqslant n-1 \text{ 且 } J_n = I_{b_n}.$$

显然, $\{J_k\}_{k=1}^n$ 和 $I_{\tilde{b}_1}$ 构成集合 $T_{\mathcal{P}}$ 的一个划分, 其中, $\tilde{b}_1 = D_1 \setminus b_1$. 因此,

$$|S_n^\sigma(f,x)| \leqslant \int_{T_{\mathcal{P}}} |D_n^\sigma(x-y) \cdot |f(y)| \,\mathrm{d}\mu_{\mathcal{P}}(y) \qquad \text{(根据式 (5.3.2))}$$

$$= \left(\sum_{k=1}^{n-1} \int_{J_k} + \int_{I_{\tilde{b}_1}} + \int_{J_n} \right) |D_n^\sigma(x-y)| \cdot |f(y)| \,\mathrm{d}\mu_{\mathcal{P}}(y).$$

采用命题 5.4.2 和引理 5.3.2,

$$|S_n^\sigma(f,x)| \leqslant \left(\sum_{k=1}^{n-1} 2^{k+2} e_r^{n-k-2} \int_{J_k} + 2^2 e_r^{n-2} \int_{I_{\tilde{b}_1}} + 2^n \int_{J_n} \right) |f(y)| \,\mathrm{d}\mu_{\mathcal{P}}(y)$$

$$\leqslant \left(2 \sum_{k=1}^{n-1} e_r^{n-k-2} + 2 e_r^{n-2} + 1 \right) M_{\mu_{\mathcal{P}}} f(x) \qquad \text{(根据式 (5.4.3))}$$

$$< C M_{\mu_{\mathcal{P}}} f(x),$$

其中 $C := \dfrac{2}{e_r - e_r^2} + 1$.

因此, 对于任意的 $\lambda > 0$ 和 $f \in L^1(\mu_{\mathcal{P}})$, 有

$$\left\{ x \in T_{\mathcal{P}} : \sup_{n \geqslant 1} |S_n^\sigma(f,x)| > \lambda \right\} \subseteq \left\{ x \in T_{\mathcal{P}} : M_{\mu_{\mathcal{P}}} f(x) > \frac{\lambda}{C} \right\}.$$

根据引理 5.4.2,

$$\mu_{\mathcal{P}}\left(\left\{ x \in T_{\mathcal{P}} : \sup_{n \geqslant 1} |S_n^\sigma(f,x)| > \lambda \right\} \right) \leqslant \mu_{\mathcal{P}}\left(\left\{ x \in T_{\mathcal{P}} : M_{\mu_{\mathcal{P}}} f(x) > \frac{\lambda}{C} \right\} \right)$$

$$\leqslant \frac{5C}{\lambda} \|f\|_1.$$

定理 5.4.1 得证. □

定理 5.4.2 假设定理 5.1.1 中式 (5.1.8) 和式 (5.1.10) 成立, 且对于任意的 $\lambda > 0$ 存在常数 $c > 0$ 使得

$$\mu_{\mathcal{P}}\left(\{ x \in T_{\mathcal{P}} : T^* f(x) > \lambda \} \right) \leqslant \frac{c}{\lambda} \|f\|_1, \qquad (f \in L^1(\mu_{\mathcal{P}})). \tag{5.4.6}$$

则对于任意的 $f \in L^1(\mu_{\mathcal{P}})$, 有

$$\lim_{n \to \infty} S_n^{\sigma}(f, x) = f(x), \quad \mu_{\mathcal{P}}\text{-a.e. } x \in T_{\mathcal{P}} .$$

证明　首先验证对于任意的 $f \in L^1(\mu_{\mathcal{P}})$ 均有极限 $\lim_{n \to \infty} S_n^{\sigma}(f, x)$ 关于测度 $\mu_{\mathcal{P}}$-几乎处处存在. 这只需证明对于所有的 $\lambda > 0$ 和 $f \in L^1(\mu_{\mathcal{P}})$ 均有

$$\mu_{\mathcal{P}}\big(\{x \in T_{\mathcal{P}} : \theta_f(x) > \lambda\}\big) = 0$$

成立, 其中 $\theta_f(x)$ 的定义如下

$$\theta_f(x) = \big|\limsup_{n \to \infty} S_n^{\sigma}(f, x) - \liminf_{n \to \infty} S_n^{\sigma}(f, x)\big|.$$

固定 $\delta > 0$. 由命题 5.4.1 知 $\mathcal{S}$ 稠于 $L^1(\mu_{\mathcal{P}})$, 故存在一个函数 $g \in \mathcal{S}$ 使得

$$f = g + h \quad \text{且} \quad \|h\|_1 < \delta. \tag{5.4.7}$$

因此,

$$\theta_f(x) = \theta_h(x) \leqslant 2T^*h(x).$$

根据式 (5.4.6) 和式 (5.4.7), 对于任意的 $\lambda > 0$ 有

$$\mu_{\mathcal{P}}\big(\{x \in T_{\mathcal{P}} : \theta_f(x) > \lambda\}\big) \leqslant \mu_{\mathcal{P}}\left(\left\{x \in T_{\mathcal{P}} : T^*h(x) > \frac{\lambda}{2}\right\}\right)$$

$$\leqslant \frac{2c}{\lambda}\|h\|_1 \leqslant \frac{2c}{\lambda}\delta.$$

令 $\delta \to 0$. 则 $\mu_{\mathcal{P}}\big(\{x \in T_{\mathcal{P}} : \theta_f(x) > \lambda\}\big) = 0$ 对于任意的 $\lambda > 0$ 均成立. 故

$$\mu_{\mathcal{P}}\big(\{x \in T_{\mathcal{P}} : \theta_f(x) > 0\}\big) \leqslant \sum_{n=1}^{\infty} \mu_{\mathcal{P}}\left(\left\{x \in T_{\mathcal{P}} : \theta_f(x) > \frac{1}{n}\right\}\right) = 0,$$

换言之, 当 $n \to \infty$ 时, $S_n^{\sigma}(f, x)$ 的极限关于测度 $\mu_{\mathcal{P}}$-几乎处处存在.

接下来, 将上述对函数 $\theta_f(x)$ 的技巧应用于如下函数:

$$\widetilde{\theta}_f(x) = \big|\lim_{n \to \infty} S_n^{\sigma}(f, x) - f(x)\big|,$$

可得 $\lim_{n \to \infty} S_n(f)(x) = f(x)$, $\mu_{\mathcal{P}}$-a.e.. 这就完成了定理 5.4.2 的证明. □

现在给出定理 5.1.1 (iii) 的证明.

定理 5.1.1(iii) 的证明 根据引理 5.4.2、定理 5.4.1 和定理 5.4.2 可证. □

推论 5.4.1 给出某些谱测度 $\mu_\mathcal{P}$ 的新谱, 它们并未被文献 [74]、[112] 和 [113] 所发现.

推论 5.4.1 假设定理 5.1.1 中式 (5.1.8) 和式 (5.1.9) 成立, 则对于任意的 $\sigma = \sigma_1\sigma_2\cdots \in \{-1,1\}^\mathbb{N}$, 集合 Λ^σ 构成谱测度 $\mu_\mathcal{P}$ 的谱.

证明 在定理 5.1.1(ii) 中取 $p = 2$, 应用 Hilbert 空间理论可知函数 $\{\mathrm{e}^{2\pi\mathrm{i}\lambda x}\}_{\lambda\in\Lambda^\sigma}$ 构成 $L^2(\mu_\mathcal{P})$ 的一族规范正交基. □

5.5　几个注记

本节将给出和定理 5.1.1 相关的一些例子和一些更深入的结果. 如下例子表明存在大量测度 $\mu_\mathcal{P}$ 满足定理 5.1.1 中式 (5.1.9) 和式 (5.1.10).

例 5.5.1 假设正整数列 $\mathcal{P} = \{p_n, d_n\}_{n=1}^\infty$ 满足如下条件: 对于任意的 $n \in \mathbb{N}_+$ 均有 $0 < d_n < p_n$, 并且存在 $C_n \subseteq \mathbb{Z}$ 使得 $(p_n^{-1}\{0, d_n\}, C_n)$ 构成相容对. 假设 $p_n \geqslant 4$, $d_n \in 2\mathbb{N}$ 并且 $r := \sup\limits_{n \geqslant 1} \dfrac{d_n}{p_n} < \dfrac{9}{4\pi} \approx 0.716$. 则

$$c_r := \sup_{n \geqslant 1}\left(\frac{1}{p_n} + \frac{r\pi}{2^{l_n+1}(1 - m_{n+1}^{-1})}\right) < \frac{1}{4} + \frac{\frac{9}{4\pi}\cdot\pi}{4(1 - 4^{-1})} = 1, \qquad (5.5.1)$$

其满足式 (5.1.9). 因此定理 5.1.1(i), (ii) 的结论对 $\mu_\mathcal{P}$ 均成立.

进一步, 若假设 $p_n \geqslant 6$, $d_n \in 2\mathbb{N}$ 且 $r := \sup\limits_{n \geqslant 1} \dfrac{d_n}{p_n} < \dfrac{1}{2}$, 则

$$e_r := \sup_{n \geqslant 1}\left(\frac{r\pi}{2^{l_n}(1 - m_{n+1}^{-1})}\right) < \frac{\frac{1}{2}\pi}{2(1 - 6^{-1})} = \frac{3\pi}{10} < 1.$$

这满足式 (5.1.10), 因此定理 5.1.1 (iii) 的结论对测度 $\mu_\mathcal{P}$ 成立.

当 $p = p_n$, $d = d_n$ 对于所有的 $n \in \mathbb{N}$ 均成立时, 测度 $\mu_\mathcal{P}$ 为由连续型数字集生产的 Cantor 测度 $\mu_{p,d}$ (参见式 (3.2.5)). 此时, 对式 (5.1.9) 和式 (5.1.10) 分析如下.

命题 5.5.1 假设存在 $C \subseteq \mathbb{Z}$ 使得 $(p^{-1}\{0,d\}, C)$ 构成一个相容对,其中 $0 < d < p$ 且 $p \geqslant 4$. 记

$$r := \frac{d}{p}, \quad p = 2^{l+1}p', \quad d = 2^l d',$$

其中 $l \in \mathbb{N}$, $p' \in \mathbb{N}$, 且 $d' \in 2\mathbb{N}+1$. 根据引理 5.2.1, 对于任意的无穷词 $\sigma = \sigma_1 \cdots \sigma_n \cdots \in \{-1,1\}^{\mathbb{N}}$, 集合

$$\Lambda^\sigma = \bigcup_{n=1}^{\infty} \left(p\left\{0, \frac{\sigma_1}{2^{1+l}}\right\} + p^2\left\{0, \frac{\sigma_2}{2^{1+l}}\right\} + \cdots + p^n\left\{0, \frac{\sigma_n}{2^{1+l}}\right\} \right)$$

构成 $\mu_{p,d}$ 的一个正交集. 类似于式 (5.1.5) 和式 (5.1.7), 定义函数 $f \in L^1(\mu_{\mathcal{P}})$ 的三角级数及其部分和如下:

$$S^\sigma(f,x) = \sum_{\lambda \in \Lambda^\sigma} \widehat{f}(\lambda) e^{2\pi i \lambda x}, \qquad S_n^\sigma(f,x) = \sum_{\lambda \in \Lambda^\sigma|n} \widehat{f}(\lambda) e^{2\pi i \lambda x}.$$

(i) 若 d 是一个奇数, 则 $l=0, d=d'$ 且存在 $p' \in 2\mathbb{N}+1$ 使得 $p = 2p'$. 因此,

$$d < \frac{2}{\pi}(p-1)\left(1 - \frac{1}{p}\right) \Longrightarrow c_r \leqslant \frac{1}{p} + \frac{\dfrac{d}{p}\pi}{2\left(1 - \dfrac{1}{p}\right)} < 1,$$

且

$$d < \frac{p-1}{\pi} \Longrightarrow e_r \leqslant \frac{\dfrac{d}{p}\pi}{1 - \dfrac{1}{p}} < 1.$$

(ii) 若 d 是一个偶数, 则 $d = 2^l d'$ 且 $p = 2^{l+1}p'$, 其中 $l \in \mathbb{N}, d' \in 2\mathbb{N}+1$ 且 $p' \in 2\mathbb{N}+1$. 因此,

$$d < \frac{4}{\pi}(p-1)\left(1 - \frac{1}{p}\right) \Longrightarrow c_r \leqslant \frac{1}{p} + \frac{\dfrac{d}{p}\pi}{2^2\left(1 - \dfrac{1}{p}\right)} < 1,$$

且

$$d < \frac{2(p-1)}{\pi} \Longrightarrow e_r \leqslant \frac{\dfrac{d}{p}\pi}{2\left(1 - \dfrac{1}{p}\right)} < 1.$$

结合定理 5.1.1 和命题 5.5.1, 可得如下结果.

推论 5.5.1 *假设存在 $C \subseteq \mathbb{Z}$ 使得 $(p^{-1}\{0,d\}, C)$ 构成一个相容对, 其中 $0 < d < p$ 且 $p \geqslant 4$, 则对于任意的 $\sigma = \sigma_1 \sigma_2 \cdots \in \{-1, 1\}^{\mathbb{N}}$, 有如下结论成立.*

(i) *若如下两个条件之一成立:*

$\qquad$ (1) $d \in 2\mathbb{N} + 1$ 且 $d < \dfrac{2}{\pi}(p-1)\left(1 - \dfrac{1}{p}\right)$,

$\qquad$ (2) $d \in 2\mathbb{N}$ 且 $d < \dfrac{4}{\pi}(p-1)\left(1 - \dfrac{1}{p}\right)$,

则对于任意的连续函数 f 有 $S_n^\sigma(f, x)$ 一致收敛于 $f(x)$. 类似地, 若 $f \in L^q (q \geqslant 1)$, 则 $S_n^\sigma(f, x)$ 依 L^q-范数收敛于 $f(x)$.

(ii) *若如下两个条件之一成立:*

$\qquad$ (1) $d \in 2\mathbb{N} + 1$ 且 $d < \dfrac{p-1}{\pi}$,

$\qquad$ (2) $d \in 2\mathbb{N}$ 且 $d < \dfrac{2(p-1)}{\pi}$;

则对于任意的 $L^q (q \geqslant 1)$ 函数 f 有 $S_n^\sigma(f, x)$ 点态收敛于 $f(x)$, 关于测度 $\mu_{p,d}$-几乎处处.

一般地, 任给无穷词 $q = q_1 q_2 \cdots q_n \cdots \in (2\mathbb{Z} + 1)^{\mathbb{N}}$, 如式 (5.2.2) 所示集合 Λ^q 构成测度 $\mu_{\mathcal{P}}$ 的一个正交集. 此时, 定义函数 $f \in L^1(\mu_{\mathcal{P}})$ 的三角级数如下

$$S^q(f, x) = \sum_{\lambda \in \Lambda^q} \widehat{f}(\lambda) \mathrm{e}^{2\pi \mathrm{i} \lambda x},$$

定义 $f \in L^1(\mu_{\mathcal{P}})$ 的部分和如下

$$S_n^q(f, x) = \sum_{\lambda \in \Lambda^{q|n}} \widehat{f}(\lambda) \mathrm{e}^{2\pi \mathrm{i} \lambda x}.$$

若将定理 5.1.1 的证明思想用于正交集 Λ^q 可得如下定理. 此处证明略.

定理 5.5.1 *假设测度 $\mu_{\mathcal{P}}$ 如式 (5.1.1) 所示, 对每一个 $n \in \mathbb{N}$, 均存在离散集 $C_n \subseteq \mathbb{Z}$ 使得 $(p_n^{-1} D_n, C_n)$ 构成相容对. 假设 $\mathcal{P} = \{p_n, d_n\}_{n=1}^{\infty}$ 是一个正整数序列, 使得 $0 < d_n < p_n$, 并且记 r, l_n 和 m_n 满足如下条件:*

$$r := \sup_{n \geqslant 1} \frac{d_n}{p_n}, \quad d_n = 2^{l_n} d_n', \quad p_n = 2^{l_n+1} p_n', \quad m_n = \min_{j \geqslant n} p_j,$$

其中 $C_n \in \mathbb{N}$, $p'_n \in \mathbb{N}$, 且 d'_n 均为奇数. 假设

$$c_r := \sup_{n \geqslant 1} \left(\frac{1}{p_n} + \frac{r\pi \max\{|q_n|\}}{2^{l_n+1}(1 - m_{n+1}^{-1})} \right) < 1,$$

其中 $q = q_1 q_2 \cdots q_n \cdots \in (2\mathbb{Z}+1)^{\mathbb{N}}$, 则下述命题成立.

(i) 若 $f \in L^\infty(\mu_{\mathcal{P}})$ 在点 $x \in T_{\mathcal{P}}$ 连续, 则

$$\lim_{n \to \infty} S_n^q(f, x) = f(x).$$

进一步, 若 f 在紧集 $T_{\mathcal{P}}$ 上处处连续, 则上述极限是一致收敛.

(ii) 若 $f \in L^p(\mu_{\mathcal{P}})$, $1 \leqslant p < \infty$, 则 $\lim_{n \to \infty} \|S_n^q(f, x) - f(x)\|_p = 0$.

(iii) 若 $\mathcal{P} = \{p_n, d_n\}_{n=1}^\infty$ 满足

$$e_r := \sup_{n \geqslant 1} \left(\frac{r\pi \max\{|q_n|\}}{2^{l_n}(1 - m_{n+1}^{-1})} \right) < 1,$$

则 $S_n^q(f, x)$ 点态收敛于 $f(x)$ 关于测度 $\mu_{\mathcal{P}}$-几乎处处.

综合使用定理 5.1.1(ii), 定理 5.5.1(ii) 和 Hilbert 空间基本理论, 可以确定谱测度 $\mu_{\mathcal{P}}$ 的一些谱特征值.

推论 5.5.2 假设存在 $C_n \subseteq \mathbb{Z}$ 使得 $(p_n^{-1}D_n, C_n)$ 构成相容对. 设 $\mathcal{P} = \{p_n, d_n\}_{n=1}^\infty$ 是一个正整数序列, 使得 $0 < d_n < p_n$ 并且记 r, l_n 和 m_n 满足如下条件:

$$r := \sup_{n \geqslant 1} \frac{d_n}{p_n}, \quad d_n = 2^{l_n} d'_n, \quad p_n = 2^{l_n+1} p'_n, \quad m_n = \min_{j \geqslant n} p_j,$$

其中 $C_n \in \mathbb{N}$, $p'_n \in \mathbb{N}$, 且 d'_n 均是奇数. 假设

$$c_r := \sup_{n \geqslant 1} \left(\frac{1}{p_n} + \frac{r\pi|q|}{2^{l_n+1}(1 - m_{n+1}^{-1})} \right) < 1, \qquad \text{其中} \qquad q \in 2\mathbb{Z}+1.$$

则 q 是谱测度 $\mu_{\mathcal{P}}$ 的一个谱特征值.

结合定理 5.1.1 和定理 5.5.1, 可考虑如下问题

问题 5.5.1 当序列 $\mathcal{P} = \{p_n, d_n\}_{n=1}^\infty$ 和 $q = q_1 q_2 \cdots q_n \cdots \in (2\mathbb{Z}+1)^{\mathbb{N}}$ 满足何种条件时, 如下结论成立?

(i) 若 $f \in C(T_{\mathcal{P}})$, 则 $S_n^q(f, x)$ 一致收敛于 $f(x)$.

(ii) 若 $f \in L^p(\mu_{\mathcal{P}})(1 \leqslant p < \infty)$, 则 $\lim\limits_{n \to \infty} \|S_n^q(f,x) - f(x)\|_p = 0$.

(iii) 若 $f \in L^p(\mu_{\mathcal{P}})$, 则 $\lim\limits_{n \to \infty} S_n^q(f,x) = f(x)$, $\mu_{\mathcal{P}}$-几乎处处.

事实上, 上述结果并不能对于所有的 $q = q_1 q_2 \cdots q_n \cdots \in (2\mathbb{Z}+1)^{\mathbb{N}}$ 成立. 这可以由文献 [38] 中关于测度 μ_4 的发散性结果来解释. 特别地, 上述 (ii) 也可以由如下基本事实来解释.

例 5.5.2 令 $q = 333 \cdots 3 \cdots \in (2\mathbb{Z}+1)^{\mathbb{N}}$, 则集合

$$\Lambda^q = 4\{0,3\} + 4^2\{0,3\} + \cdots + 4^n\{0,3\} + \cdots$$

是测度 μ_4 的一个正交集但并不是一个谱 (参见文献 [37] 的例 4.6), 因此, 若 $f \in L^2(\mu_4)$, 则

$$\lim_{n \to \infty} \|S_n^q(f,x) - f(x)\|_2 \neq 0.$$

5.6 本 章 小 结

本章主要结果证得一类广义伯努利卷积测度存在无穷多个正交集, 使得其连续函数的 mock 傅里叶级数一致收敛于函数本身. 类似地, 对于 $L^p(\mu_{\mathcal{P}})$ 范数收敛或者点态收敛均有类似的结果. 本章所有结果均节选自作者与合作者的工作[118]. 该结果本质上延续了 Strichartz[24,48] 关于谱测度的傅里叶级数收敛性的研究工作. 本章并未涉及测度 $\mu_{\mathcal{P}}$ 的傅里叶级数发散性研究. 关于其他类型奇异谱测度的 mock 傅里叶级数发散的结果可参考文献 [38] 和 [119].

参 考 文 献

[1] FUGLEDE B. Commuting self-adjoint partial differential operators and a group theoretic problem[J]. Journal of Functional Analysis, 1974, 16(1): 101-121.

[2] TAO T. Fuglede's conjecture is false in 5 and higher dimensions[J]. Mathematical Research Letters, 2004, 11(2): 251-258.

[3] MATOLCSI M. Fuglede conjecture fails in dimension 4[J]. Proceedings of the American Mathematical Society, 2005, 133(10): 3021-3026.

[4] KOLOUNTZAKIS M N, MATOLCSI M. Complex Hadamard matrices and the spectral set conjecture[J]. Collectanea Mathematica, 2006, 57: 281-291.

[5] KOLOUNTZAKIS M N, MATOLCSI M. Tiles with no spectra[J]. Forum Mathematicum, 2006, 18: 519-528.

[6] FARKAS B, SZILÁRD GY R. Tiles with no spectra in dimension 4[J]. Mathematica Scandinavica, 2006, 98(1): 44-52.

[7] FARKAS B, MATOLCSI M, MORA P. On Fuglede's conjecture and the existence of universal spectra[J]. Journal of Fourier Analysis and Applications, 2006, 12(5): 483-494.

[8] LEV N, MATOLCSI M. The Fuglede conjecture for convex domains is true in all dimensions[J]. Acta Mathematica, 2022, 228(2): 385-420.

[9] LAGARIAS J C, REEDS J A, WANG Y. Orthonormal bases of exponentials for the n-cube[J]. Duke Mathematical Journal, 2000, 103(1): 25-37.

[10] IOSEVICH A, PEDERSEN S. Spectral and tiling properties of the unit cube[J]. International Mathematics Research Notices, 1998, 1998(16): 819-828.

[11] JORGENSEN P E T, PEDERSEN S. Spectral pairs in Cartesian coordinates[J]. Journal of Fourier Analysis and Applications, 1999, 5(4): 285-302.

[12] LAGARIAS J C, WANG Y. Tiling the line with translates of one tile[J]. Inventiones Mathematicae, 1996, 124(1): 341-365.

[13] LAGARIAS J C, WANG Y. Spectral sets and factorizations of finite abelian groups[J]. Journal of Functional Analysis, 1997, 145(1): 73-98.

[14] ŁABA I. Fuglede's conjecture for a union of two intervals[J]. Proceedings of the American Mathematical Society, 2001, 129(10): 2965-2972.

[15] ŁABA I, LONDNER I. The Coven-Meyerowitz tiling conditions for 3 odd prime factors[J]. Inventiones Mathematicae, 2023, 232(1): 365-470.

[16] IOSEVICH A, KOLOUNTZAKIS M N. Periodicity of the spectrum in dimension one[J]. Analysis & PDE, 2013, 6(4): 819-827.

[17] FAN A H. Spectral measures on local fieldss[M]//Springer Proceedings in Mathematics & Statistics. Cham: Springer International Publishing, 2015: 15-35.

[18] FAN A H, FAN S L, LIAO L M, et al. Fuglede's conjecture holds in $\mathbb{Q}_p$[J]. Mathematische Annalen, 2019, 375(1/2): 315-341.

[19] FAN A H, FAN S L, SHI R X. Compact open spectral sets in $\mathbb{Q}_p$[J]. Journal of Functional Analysis, 2016, 271(12): 3628-3661.

[20] MALIKIOSIS R D, KOLOUNTZAKIS M N. Fuglede's conjecture on cyclic groups of order $p^n q$[J]. Discrete Analysis, 2017: 12.

[21] FALLON T, KISS G, SOMLAI G. Spectral sets and tiles in $\mathbb{Z}_p^2 \times \mathbb{Z}_q^2$[J]. Journal of Functional Analysis, 2022, 282(12): 109472.

[22] JORGENSEN P E T, PEDERSEN S. Dense analytic subspaces in fractal L^2-spaces[J]. Journal D'Analyse Mathématique, 1998, 75(1): 185-228.

[23] STRICHARTZ R S. Remarks on: "Dense analytic subspaces in fractal L^2-spaces" by P. Jorgensen and S. Pedersen[J]. Journal D'Analyse Mathématique, 1998, 75(1): 229-231.

[24] STRICHARTZ R S. Mock Fourier series and Transforms associated with certain Cantor measures[J]. Journal D'Analyse Mathématique, 2000, 81(1): 209-238.

[25] ŁABA I, WANG Y. On spectral Cantor measures[J]. Journal of Functional Analysis, 2002, 193(2): 409-420.

[26] AN L X, HE X G. A class of spectral Moran measures[J]. Journal of Functional Analysis, 2014, 266(1): 343-354.

[27] AN L X, HE X G, LAU K S. Spectrality of a class of infinite convolutions[J]. Advances in Mathematics, 2015, 283: 362-376.

[28] AN L X, HE X G, LI H X. Spectrality of infinite Bernoulli convolutions[J]. Journal of Functional Analysis, 2015, 269 (5): 1571-1590.

[29] DAI X R. When does a Bernoulli convolution admit a spectrum?[J]. Advances in Mathematics, 2012, 231(3/4): 1681-1693.

[30] DAI X R, HE X G, LAI C K. Spectral property of Cantor measures with consecutive digits[J]. Advances in Mathematics, 2013, 242: 187-208.

[31] DAI X R, HE X G, LAU K S. On spectral N-Bernoulli measures[J]. Advances in Mathematics, 2014, 259: 511-531.

[32] DENG Q R. On the spectra of Sierpinski-type self-affine measures[J]. Journal of Functional Analysis, 2016, 270(12): 4426-4442.

[33] DUTKAY D E, JORGENSEN P. Iterated function systems, Ruelle operators, and invariant projective measures[J]. Mathematics of Computation, 2006, 75(256): 1931-1970.

[34] DUTKAY D E, JORGENSEN P. Analysis of orthogonality and of orbits in affine iterated function systems[J]. Mathematische Zeitschrift, 2007, 256(4): 801-823.

[35] DUTKAY D E, JORGENSEN P. Fourier frequencies in affine iterated function systems[J]. Journal of Functional Analysis, 2007, 247(1): 110-137.

[36] DUTKAY D E, JORGENSEN P. Fourier duality for fractal measures with affine scales[J]. Mathematics of Computation, 2012, 81(280): 2253-2273.

[37] DUTKAY D E, HAN D G, SUN Q Y. On spectra of a Cantor measure[J]. Advances in Mathematics, 2009, 221(1): 251-276.

[38] DUTKAY D E, HAN D G, SUN Q Y. Divergence of the mock and scrambled Fourier series on fractal measures[J]. Transactions of the American Mathematical Society, 2014, 366(4): 2191-2208.

[39] FU Y S, WEN Z X. Spectral property of a class of Moran measures on $\mathbb{R}$[J]. Journal of Mathematical Analysis and Applications, 2015, 430(1): 572-584.

[40] HE X G, LAI C K, LAU K S. Exponential spectra in $L^2(\mu)$[J]. Applied and Computational Harmonic Analysis, 2013, 34 (3): 327-338.

[41] HU T Y, LAU K S. Spectral property of the Bernoulli convolution[J]. Advances in Mathematics, 2008, 219(2): 554-567.

[42] LI J L. $\mu_{M,D}$- orthogonality and compatible pair[J]. Journal of Functional Analysis, 2007, 244(2): 628-638.

[43] LI J L. Non-spectral problem for a class of planar self-affine measures[J]. Journal of Functional Analysis, 2008, 255(11): 3125-3148.

[44] LI J L. Non-spectrality of planar self-affine measures with three-elements digit set[J]. Journal of Functional Analysis, 2009, 257(2): 537-552.

[45] LIU J C, DONG X H, LI J L. Non-spectral problem for the planar self-affine measures[J]. Journal of Functional Analysis, 2017, 273(2): 705-720.

[46] WANG Z Y, LIU J C. Non-spectrality of self-affine measures[J]. Journal of Functional Analysis, 2019, 277(10): 3723-3736.

[47] CHEN M L, LIU J C. The cardinality of orthogonal exponentials of planar self-affine measures with three-element digit sets[J]. Journal of Functional Analysis, 2019, 277(1): 135-156.

[48] STRICHARTZ R. Convergence of Mock Fourier series[J]. Journal D'Analyse Mathématique, 2006, 99(1): 333-353.

[49] WEBER E S. A Paley-Wiener type theorem for singular measures on $(-1/2, 1/2)$[J]. Journal of Fourier Analysis and Applications, 2019, 25(5): 2492-2502.

[50] PICIOROAGA G, WEBER E S. Fourier frames for the Cantor-4 set[J]. Journal of Fourier Analysis and Applications, 2017, 23(2): 324-343.

[51] DUTKAY D E, LAI C K. Uniformity of measures with Fourier frames[J]. Advances in Mathematics, 2014, 252: 684-707.

[52] DAI X R. Spectra of Cantor measures[J]. Mathematische Annalen, 2016, 366 (3/4): 1621-1647.

[53] FU Y S, HE X G, WEN Z X. Spectra of Bernoulli convolutions and random convolutions[J]. Journal de Mathématiques Pures et Appliquées, 2018, 116: 105-131.

[54] FU Y S, HE L. Scaling of spectra of a class of random convolution on $\mathbb{R}$[J]. Journal of Functional Analysis, 2017, 273(9): 3002-3026.

[55] LI W X, MIAO J J, WANG Z Q. Spectrality of random convolutions generated by finitely many Hadamard triples[J]. Nonlinearity, 2024, 37(1): 015003.

[56] RUDIN W. Real and complex analysis[M]. New York:McGraw-Hill Book Co., 1987.

[57] ŁABA I, WANG Y. Some properties of spectral measures[J]. Applied and Computational Harmonic Analysis, 2006, 20(1): 149-157.

[58] LAI C K. On Fourier frame of absolutely continuous measures[J]. Journal of Functional Analysis, 2011, 261(10): 2877-2889.

[59] HUTCHINSON J E. Fractals and self-similarity[J]. Indiana University Mathematics Journal, 1981, 30(5): 713-747.

[60] FALCONER K J. Fractal Geometry, Mathematical Foundations and Applications[M]. Biometrics, 1990, 46(3): 886.

[61] FALCONER K J. Techniques in fractal geometry[M]. Chichester: Wiley, 1997.

[62] 文志英. 分形几何的数学基础 [M]. 上海: 上海科技教育出版社, 2000.

[63] DENG Q R, CHEN G B. Uniformity of spectral self-affine measures[J]. Advances in Mathematics, 2021, 380: 107568.

[64] JESSEN B, WINTNER A. Distribution functions and the Riemann zeta function[J]. Transactions of the American Mathematical Society, 1935, 38(1): 48-88.

[65] LI W X, MIAO J J, WANG Z Q. Weak convergence and spectrality of infinite convolutions[J]. Advances in Mathematics, 2022, 404: 108425.

[66] LI J L. Analysis of a class of spectral pair conditions[J]. Science China Mathematics, 2011, 54(10): 2099-2110.

[67] LI J L. Extensions of Łaba-Wang's condition for spectral pairs[J]. Mathematische Nachrichten, 2015, 288(4): 412-419.

[68] DUTKAY D E, HAUSSERMAN J, LAI C K. Hadamard triples generate self-affine spectral measures[J]. Transactions of the American Mathematical Society, 2019, 371(2): 1439-1481.

[69] LI J L. Spectrality of a class of self-affine measures with decomposable digit sets[J]. Science China Mathematics, 2012, 55(6): 1229-1242.

[70] FU Y S, ZHU M. A class of homogeneous Moran spectral measures with eight-element digit sets on $\mathbb{R}^4$[J]. Results in Mathematics, 2021, 76(4): 207.

[71] AN L X, LAI C K. Product-form Hadamard triples and its spectral self-similar measures[J]. Advances in Mathematics, 2023, 431: 109257.

[72] GARARDO J P, LAI C K. Spectral measures associated with the factorization of the Lebesgue measure on a set via convolution[J]. Journal of Fourier Analysis and Applications, 2014, 20(3): 457-475.

[73] DAI X R, SUN Q Y. Spectral measures with arbitrary Hausdorff dimensions[J]. Journal of Functional Analysis, 2015, 268(8): 2464-2477.

[74] AN L X, FU X Y, LAI C K. On Spectral Cantor-Moran measures and a variant of Bourgain's sum of sine problem[J]. Advances in Mathematics, 2019, 349: 84-124.

[75] LIU J C, WANG Z Y. The spectrality of self-affine measure under the similar transformation of $GL_n(p)$[J]. Constructive Approximation, 2023, 58(3): 687-712.

[76] FU Y S, TANG M W. Existence of Exponential Orthonormal Bases for Infinite Convolutions on $\mathbb{R}^n$[J]. Journal of Fourier Analysis and Applications, 2024, 30(3): 31.

[77] PERES Y, SCHLAG W, SOLOMYAK B. Sixty years of bernoulli convolutions[M]//BANDT C, GRAF S, ZÄHLE M, eds. Fractal Geometry and Stochastics II. Basel: Birkhäuser Basel, 2000: 39-65.

[78] VARJÚ P. Recent progress on Bernoulli convolutions[M]//European Congress of Mathematics. Zürich: EMS Press, 2018: 847-867.

[79] VARJÚ P. Absolute continuity of Bernoulli convolutions for algebraic parameters[J]. Journal of the American Mathematical Society, 2019, 32(2): 351-397.

[80] VARJÚ P. On the dimension of Bernoulli convolutions for all transcendental parameters[J]. Annals of Mathematics, 2019, 189(3): 1001-1011.

[81] WINTNER A. On symmetric Bernoulli Convolutions[J]. Bulletin of the American Mathematical Society, 2004, 41(2): 137-138.

[82] DUTKAY D E, LAI C K. Spectral measures generated by arbitrary and random convolutions[J]. Journal de Mathématiques Pures et Appliquées, 2017, 107(2): 183-204.

[83] JORGENSEN P, KORNELSON K, SHUMAN K. Families of spectral sets for Bernoulli convolutions[J]. Journal of Fourier Analysis and Applications, 2011, 17(3): 431-456.

[84] LI J L. Spectra of a class of self-affine measures[J]. Journal of Functional Analysis, 2011, 260(4): 1086-1095.

[85] LI J L, XING D. Multiple spectra of Bernoulli convolutions[J]. Proceedings of the Edinburgh Mathematical Society, 2017, 60(1): 187-202.

[86] DUTKAY D E, HAUSSERMAN J. Number theory problems from the harmonic analysis of a fractal[J]. Journal of Number Theory, 2016, 159: 7-26.

[87] CZAJA W, KUTYNIOK G, SPEEGLE D. Beurling dimension of Gabor pseud-oframes for affine subspaces[J]. Journal of Fourier Analysis and Applications, 2008, 14(4): 514-537.

[88] LANDAN H J. Necessary density conditions for sampling and interpolation of certain entire functions[J]. Acta Mathematica, 1967, 117(1): 37-52.

[89] DUTKAY D E, HAN D G, SUN Q Y, et al. On the Beurling dimension of expo-nential frames[J]. Advances in Mathematics, 2011, 226(1): 285-297.

[90] LI J J, WU Z Y. On the intermediate value property of spectra for a class of Moran spectral measures[J]. Applied and Computational Harmonic Analysis, 2024, 68: 101606.

[91] SHI R X. On dimensions of frame spectral measures and their frame spectra[J]. Annales Fennici Mathematici, 2021, 46(1): 483-493.

[92] AN L X, LAI C K. Arbitrarily sparse spectra for self-affine spectral measures[J]. Analysis Mathematica, 2023, 49(1): 19-42.

[93] LI J J, WU Z Y. On the quasi-Beurling dimensions of the spectra for planar Moran-type Sierpinski spectral measures[J]. Applied and Computational Harmonic Analysis, 2023, 62: 475-497.

[94] DENG G T, FU Y S, KANG Q C. Spectral eigen-subspace and tree structure for a Cantor measure[J]. 2024.

[95] FU Y S. A characterization on the spectra of self-affine measures[J]. Journal of Fourier Analysis and Applications, 2019, 25(3): 732-750.

[96] WU Z Y, ZHU M. Scaling of spectra of self-similar measures with consecutive dig-its[J]. Journal of Mathematical Analysis and Applications, 2018, 459(1): 307-319.

[97] AI W H. Number theory problems related to the spectrum of Cantor-type measures with consecutive digits[J]. Bulletin of the Australian Mathematical Society, 2021, 103(1): 113-123.

[98] WANG C, WU Z Y. On spectral eigenvalue problem of a class of self-similar spectral measures with consecutive digits[J]. Journal of Fourier Analysis and Applications, 2020, 26(6): 82.

[99] AN L X, DONG X H, HE X G. On spectra and spectral eigenmatrix problems of the planar Sierpinski measures[J]. Indiana University Mathematics Journal, 2022, 71(2): 913-952.

[100] LI J J, WU Z Y. On spectral structure and spectral eigenvalue problems for a class of self similar spectral measure with product form[J]. Nonlinearity, 2022, 35(6): 3095-3117.

[101] LIU J C, TANG M W, WU S. The spectral eigenmatrix problems of planar self-affine measures with four digits[J]. Proceedings of the Edinburgh Mathematical Society, 2023, 66(3): 897-918.

[102] CHEN M L, LIU J C. On spectra and spectral eigenmatrices of self-affine measures on $\mathbb{R}^n$[J]. Bulletin of the Malaysian Mathematical Sciences Society, 2023, 46 (5): 162.

[103] FU Y S, WEN Z X. Spectrality of infinite convolutions with three-element digit sets[J]. Monatshefte Für Mathematik, 2017, 183(3): 465-485.

[104] DING D X. Spectral property of certain fractal measures[J]. Journal of Mathematical Analysis and Applications, 2017, 451(2): 623-628.

[105] AN L X, HE L, HE X G. Spectrality and non-spectrality of the Riesz product measures with three elements in digit sets[J]. Journal of Functional Analysis, 2019, 277(1): 255-278.

[106] FU X Q, DONG X H, LIU Z S, et al. Spectral property of certain Moran measures with three-element digit sets[J]. Fractals, 2019, 27(4): 1950068.

[107] FU Y S, WANG C. Spectra of a class of Cantor-Moran measures with three-element digit sets[J]. Journal of Approximation Theory, 2021, 261: 105494.

[108] WANG C, YIN F L, ZHANG M M. Spectrality of Cantor-Moran measures with three-element digit sets[J]. Forum Mathematicum, 2024, 36(2): 429-445.

[109] FU Y S, TANG M W. An extension of Łaba-Wang's theorem[J]. Journal of Mathematical Analysis and Applications, 2020, 491(2): 124380.

[110] FU Y S, TANG M W. Spectrality of homogeneous Moran measures on $\mathbb{R}^n$[J]. Forum Mathematicum, 2023, 35 (1): 201-219.

[111] HE X G, TANG M W, WU Z Y. Spectral structure and spectral eigenvalue problems of a class of self-similar spectral measures[J]. Journal of Functional Analysis, 2019, 277: 3688-3722.

[112] HE L, HE X G. On the Fourier orthonormal bases of Cantor-Moran measures[J]. Journal of Functional Analysis, 2019, 277(10): 3688-3722.

[113] DENG Q R, LI M T. Spectrality of Moran-type Bernoulli convolutions[J]. Bulletin of the Malaysian Mathematical Sciences Society, 2023, 46(4): 136.

[114] CARLESON L. On convergence and growth of partial sums of Fourier series[J]. Acta Mathematica, 1966, 116(1): 135-157.

[115] HUNT R. On the convergence of Fourier series[M]. Carbondale: Southern Illinois Univ. Press, 1967: 235-255.

[116] FOLLAND G B. Real Analysis. Modern Techniques and their applications[M]. 2nd ed. New York: John Wiley, 1999.

[117] MATTILA P. Geometry of sets and measures in Euclidean spaces[M]. Cambridge, UK: Cambridge University Press, 1995.

[118] FU Y S, TANG M W, WEN Z Y. Convergence of mock Fourier series on generalized Bernoulli convolutions[J]. Acta Applicandae Mathematicae, 2022, 179(1): 14.

[119] PAN W Y, AI W H. Divergence of mock Fourier series for spectral measures[J]. Proceedings of the Royal Society of Edinburgh: Section A Mathematics, 2023, 153(6): 1818-1832.